数字化转型与企业高质量发展

DATA ASSET

From Value Assessment to
Value Management

数据资产

从价值评估到价值管理

吴武清　陈立节　叶康涛　著

中国人民大学出版社
·北 京·

图书在版编目（CIP）数据

数据资产：从价值评估到价值管理 / 吴武清，陈立节，叶康涛著．-- 北京：中国人民大学出版社，2025.8. --ISBN 978-7-300-34048-7

Ⅰ. TP274

中国国家版本馆 CIP 数据核字第 2025G7G025 号

数据资产：从价值评估到价值管理

吴武清　陈立节　叶康涛　著

Shuju Zichan: Cong Jiazhi Pinggu Dao Jiazhi Guanli

出版发行	中国人民大学出版社		
社　　址	北京中关村大街 31 号	邮政编码	100080
电　　话	010－62511242（总编室）		010－62511770（质管部）
	010－82501766（邮购部）		010－62514148（门市部）
	010－62511173（发行公司）		010－62515275（盗版举报）
网　　址	http://www.crup.com.cn		
经　　销	新华书店		
印　　刷	涿州市星河印刷有限公司		
开　　本	720 mm × 1000 mm　1/16	版　　次	2025 年 8 月第 1 版
印　　张	13.25 插页 2	印　　次	2025 年 8 月第 1 次印刷
字　　数	136 000	定　　价	68.00 元

PREFACE

前 言

在当前数字经济的背景下，数据应用场景不断丰富，大数据、人工智能、云计算等新兴科技蓬勃发展，已经渗透并赋能于会计、金融、交通、医疗、电信等各个行业。作为一种新型生产要素，数据因其具有巨大的经济价值而受到理论界和实务界的广泛关注。因此，如何最大化数据要素价值创造力，并以资产管理的要求和标准对数据进行资产化、评估、核算、运营、管理对于企业来说至关重要。

当下，数据不仅成为企业，尤其是大数据企业的核心竞争力，更是国家基础性的战略资源。各国政府已经采取了一系列措施来加强对数据要素的管理和保护，包括建立数据要素市场、加强数据安全监管、推动数据要素共享等。2019 年，党的十九届四中全会提出“健全劳动、资本、土地、知识、技术、管理、数据等生产要素由市场评价贡献、按贡献决定报酬的机制”，首次明确数据的生产要素地位。此后，中国资产评估协会和财政部陆续出台相关评估和会计处理规定。2023 年 8 月，财政部正式发布《企业数据资源相关会计处理暂行规定》，规范企业数据资源相关会计处理，强化相关会计信息披露。这一系列举措致力于将数据列为生产要素，将数据资产纳入会计核算体系，有助于加快发展数字经济，使之成为激活数据要素市场发展的内生动力。

目前有关数据资产的理论研究已经取得部分成果，但在企业实践和应用方面仍面临一定困难。因此，本书在绪论部分（第1章）简要介绍研究背景与研究问题，从正文部分开始全面介绍企业数据资产化的路径（第2章），重点讲解企业数据合规管理方案（第3章），并通过理论与案例相结合的方式指导企业数据资产的价值评估与核算（第4章），尝试探讨基于支持向量机方法的数据资产价值评估（第5章），同时，又强调面向要素市场化的企业数据资产运营（第6章），着眼于为数据资源的会计处理与数据资产入表提供切实可行的方法（第7章），最后，分别通过实际案例，展现数据要素型企业如何进行企业价值评估（第8章）和数据资产入表（第9章），为实务工作提供实操指引。

在本书的撰写过程中，我们力求涵盖数据资产理论与实践发展的各个方面内容，旨在从理论与实践相结合的角度探讨数据资产的价值评估与管理，为读者提供一本全面、系统、实用的数据资产著作。我们梳理了相关文献研究成果及企业实践案例，为本书的观点提供有力的证据和支撑。希望能够帮助读者更好地理解数据资产的价值，并为数字化时代的企业数据资产发展提供有益的参考与启示。

本书获得了国家自然科学基金面上项目“数智化情境下数据要素立法保护与企业高质量发展”（项目批准号：72374201）的资助。在此感谢参与本书编写的所有人员。吴武清、陈立节、叶康涛负责全书设计、框架搭建、调查研讨以及撰写修缮。各个章节参与编写人员如下：第1章王诗仪，第5章王颉、王帅，第7章张楠、李康妍、王琳、张雪，第8章白文哲、傅雪君，第9章刘艺琦、陈令涛、张雪，第2、第3、第4

和第 6 章编写负责人为张杭川，成员包括程庆琳、张桢毅、李雪蓉、刘颖哲。全文由张迅、裴蕾、章柳漪、赖俣杉、余诗涵核校。此外，特别要感谢 KPMG 在本书撰写过程中给予的支持。作为该领域较早的探索性专著，因受限于知识、能力水平，本书难免存在不足之处，敬请广大读者批评指正。

CONTENTS

目 录

第 1 章

绪　论

1.1 发展数据要素市场的战略意义

我国互联网产业发达、使用者数量庞大，由此产生了海量数据。同时，我国拥有全球最多的工业互联网平台，积累了大量的产业数据。据国际数据公司（IDC）预测，到 2025 年末，我国将产生全球规模最大的数据量，约占全球数据产量的 1/3。

我国拥有海量数据和丰富的应用场景等独特优势。随着人工智能、区块链等先进技术在各行业领域的加速渗透和应用，数据应用场景不断丰富。数据对金融、交通、医疗、电信等行业的赋能作用日益凸显，我国在智慧交通、无人工厂、舆情监测等领域的数据应用上也进行了有益的探索。

我国具备培育数据要素的肥沃土壤。随着数字经济的蓬勃发展，数据已成为新时代的重要生产要素，也是国家基础性的战略资源。世界各国广泛关注数字竞争力，纷纷把数据发展上升为国家战略，我国也陆续出台了《网络安全法》《数据安全法》《个人信息保护法》等法律，以保护个人和组织的合法权益，维护国家主权、安全和发展利益，保障数据的安全和合法有序流动。这些法律为推进数据要素市场化配置改革，构建以数据为关键要素的数字经济和全国统一的数据要素市场提供了有力保障。

在大数据、人工智能、区块链等新一代数字技术的飞速发展和市场需求快速增长的带动下，基于数据要素的新业态和新模式将不断涌现，数据要素的应用种类也将逐渐丰富，其对行业发展和经济社会发展的带动作用将进一步显现，对经济的贡献度将会进一步提高。数据显示，在信息传输、软件和信息技术服务业，数据要素投入每增加 1%，产出便会相应增加 3% 左右；在科学研究和技术服务业，数据要素投入每增加 1%，产出会增加 1.57% 左右。

我国从中央到地方政府都已经认识到数据要素发展的重要性，近年来陆续推出大量相关政策，积极建设数据要素基础制度，数据的“要素”地位日益凸显。2019 年，党的十九届四中全会首次提出把数据作为生产要素，党的十九届五中全会进一步确立了数据要素的市场地位。2020 年 4 月，中共中央、国务院发布的《关于构建更加完善的要素市场化配置体制机制的意见》明确提出了“加快培育数据要素市场”“探索建立统一规范的数据管理制度，提高数据质量和规范性，丰富数据产品。研究根据数据性质完善产权性质”等战略性任务，并提出在推进政府数据开放共享的同时，还要提升社会数据资源价值，支持构建农业、工业、交通、教育、安防、城市管理、公共资源交易等领域规范化数据开发利用的场景。2022 年 1 月，国务院印发的《“十四五”数字经济发展规划》提出了要“加快构建数据要素市场规则，培育市场主体、完善治理体系，促进数据要素市场流通”的战略任务。2022 年 4 月，《中共中央 国务院关于加快建设全国统一大市场的意见》提出了“加快培育数据要素市场，建立健全数据安全、权利保护、跨境传输管理、交易流通、开放共享、安全认证等基础制度和标准规范”的要求。2022 年 6 月，中央全面深化改革委员会审议通过了《关于构建数据基础制度更好发挥数据要素作用的意见》，该意见对于完善数据要素市场化配置机制、打造数字经济发展新动能具有举旗定向的重要意义。2022 年 12 月，《中共中央 国务院关于构建数据基础制度更好发挥数据要素作用的意见》（以下简称“数据二十条”）正式发布，强调了数据基础制度建设对我国国家发展及安全至关重要，表达了激发数据要素价值、赋能我国经济发展的决心。“数据二十条”构建起我国数据基础制度的“四梁八柱”，为数据产权、流通交易、收益分配、安全治理等制度建设指明了方向。2023 年 8 月，财政部发布《企业数据资源相关会计处理暂行规定》，明确企业数据资源经评估可确认为企业资产，列入财务报表。企业内部使用的数据资源按条件确认为无形资产，企业对外交易的数据资源按条件确认为存货。此规定意在加强企业数据资源管理，发挥数据要素价值，是我国推动数据要素市场发展的关键政策。中国是全球首个提出数据资源入表的国家，在数据资产化方面进行了有益的探索。

数据要素的合规、高效流通使用是我国数据基础制度建设和促进数据要素价值发挥的核心任务，而完善的数据要素治理体系是数据要素流通使用、数据要素价值充分释放的前提保障。随着中共中央、国务院各类制度文件的出台，2022 年我国数据要素市场建设进入了关键时期。自 2014 年以来，全国各地陆续建立了几十个数据交易机构，但是数据要素市场整体呈现出自发、无序的特点。当前，各地数据要素市场尚处于培育初期，数据要素法规制度、供需关系、市场治理能力等方面亟须突破。经济社会对高质量、高价值数据要素的迫切需要与不平衡、不充分的数据要素供给之间的矛盾日益突出。在实践中，数据要素的流通使用仍然存在“确权难、定价难、入场难、互信难、监管难”等问题。

同时，数据与土地、劳动、资本、技术等传统生产要素相比，有明显的独特性。数据作为独特的技术产物，具有虚拟性、低成本复制性和主体多元性。这些技术特性影响着数据在经济活动中的性质，使数据具备了非竞争性、潜在的非排他性和异质性。数据的上述特性使得与传统生产要素相配套的规则体系、生态系统等难以直接沿用。相比其他生产要素，数据的部分特性使它难以参照传统方式进行管理和利用，但其可复制、可共享、无限增长和供给的禀赋，打破了传统要素有限供给对增长的制约，为持续增长和永续发展提供了基础与可能。将数据增列为生产要素的原因在于它对推动生产力发展已显现出突出价值。数据要显著推动生产，需要相应的技术和产业基础作为支撑。随着数据相关技术和产业的发展，数据逐渐呈现出规模大、价值高等特征，进而演变为推动生产效率提升的重要因素。在数字社会，数字经济正在成为经济增长方式的强大创新动能，数据要素市场化已经上升为国家战略，将充分发挥对其他要素资源的乘数作用。因此，充分认识和把握数据要素的新特征及其流通与治理的规律，实现科学化的数据资产价值评估和管理，对于构建数据要素的基础制度、构建我国统一的数据要素大市场、更好发挥数据要素作用具有重要的意义。

1.2　国内外数据要素市场发展现状

1.2.1　国内数据要素市场发展现状

2022 年开始，数据要素、数字经济、数字中国相关的顶层政策密集出台，行业进入加速发展期。2022 年 12 月，“数据二十条”发布，标志着数据制度建设顶层框架文件落地。2023 年 2 月，《数字中国建设整体布局规划》发布，明确了有关数据要素的全方位管理体系和管理制度。2023 年 10 月，国家数据局正式揭牌，宣告了数据要素“有所作为”的新时代的到来。政府侧自上而下地有序引导，解决数据确权、交易流通、开放共享等数据要素市场的一系列基础性问题，推动市场主体专注创新应用，实现自律发展。与此同时，国家数据局承接国家发展和改革委员会及中央网络安全和信息化委员会办公室部分职责，并由国家发展和改革委员会管理，负责协调推进数据基础制度建设，统筹数据资源整合共享和开发利用，实现数据要素的互联互通，解决多头管理的问题，加速推进以数据要素为核心支撑的数字中国、数字经济、数字社会规划和建设等，有望实现规模化、标准化发展。

《中国数据要素市场发展报告（2021—2022）》显示，我国东部地区数据要素市场化指数为 70.00，领先其他地区（见表 1–1）。此外，数据要素流通情况也呈现出东部领先的态势。从整体上看，数据要素市场发展水平南方高于北方。国内数据要素型企业集中分布在上海市、广东省等经济较发达地区。

表 1–1　中国数据要素市场化指数得分

	数据要素市场化指数	数据要素供给	数据要素流通	数据要素价值
总体	58.73	69.43	60.93	45.84
东部地区	70.00	70.78	74.97	64.24
中部地区	49.34	55.96	55.7	36.37
西部地区	45.45	48.88	51.31	36.16
北方地区	51.40	56.56	58.94	38.71
南方地区	58.16	60.6	62.49	51.46

2023 年 8 月 15 日，上海市人民政府办公厅印发了《立足数字经济新赛道推动数据要素产业创新发展行动方案（2023—2025 年）》。该方案明确 2025 年数据要素产业发展目标，包括建立稳固的数据要素市场体系、巩固国家级数据交易所地位、释放数据要素产业活力，推动数据产业规模达到 5 000 亿元，年均复合增长率达 15%，引育 1 000 家数据商企业，以及培养高质量数据集、品牌数据产品和国家级大数据产业示范标杆等。

广东省作为数据要素政策和市场集中地，在政策数量和企业数量上均处于领先地位，有望成为中国数据要素市场的开拓者和引领者。广东省的数据要素市场结构分为一级市场和二级市场，前者以政府行政机制为主，后者以市场竞争机制为主。与此同时，广东省积极推进“数字湾区”的建设，将“数字湾区”建设作为数字广东战略的关键切入点和粤港澳大湾区数字化发展的主战场，加强与香港、澳门对接，以广东省政府办公厅名义印发《“数字湾区”建设三年行动方案》。此外，广东省正研究推动将数据生产要素纳入 GDP 核算体系，广州海珠区、深圳南山区已经获批开展数据生产要素统计核算试点。

2022 年，北京市数据要素市场规模约为 350 亿元，占全国的 39% 左右，率先建成支持“可用不可见”交易模式的国际大数据交易所，并率先完成数据资产登记评估入表试点。2023 年 6 月印发的《关于更好发挥数据要素作用进一步加快发展数字经济的实施意见》提出，到 2030 年，北京市数据要素市场规模力争达到 2 000 亿元，基本完成国家数据基础制度先行先试工作，形成数据服务产业集聚区。国内各地区的数据资产有关政策见表 1–2。

表 1–2　数据资产有关政策

时间	地区	政策
2021/7/11	广东	《广东省数据要素市场化配置改革行动方案》
2022/5/30	贵阳	《数据要素流通交易规则（试行）》《数据产品成本评估指引 1.0》《数据交易合规性审查指南》《贵州省数据流通平台运营管理办法》等 8 部法规制度
2022/10/27	浙江	《浙江省推进产业数据价值化改革试点方案》
2022/11/25	上海	《张江数据要素产业集聚区试点建设方案》
2023/3/28	浙江	《关于推进浙江省产品主数据标准试点的实施意见（试行）》
2023/3/31	广东	《2023 年广东省数字经济工作要点》
2023/7/13	长沙	《长沙市政务数据运营暂行管理办法（征求意见稿）》
2023/8/15	上海	《立足数字经济新赛道推动数据要素产业创新发展行动方案（2023—2025 年）》

1.2.2 国外数据要素市场发展现状

欧美国家也认识到发展数字要素产业的重要性，积极发布政策推动数字要素产业发展，并制定法规来保护数据隐私、规范数据使用，以促进数字经济的健康发展。受历史、文化、商业等诸多因素影响，各国在对待数据隐私上的价值取向不同，导致其在政策制定以及立法上各有侧重。据上海数据交易所研究院测算，2021 年，全球数据交易流通市场规模达到 2 000 亿元。其中，北美洲达到 960 亿元，占全球市场的 48%。欧洲实现市场规模为 500 亿元，占比 25%。中国数据交易规模实现 250 亿元，占比 13%。日本等其他国家和地区紧随其后。

美国已形成了完整的战略推动数据产业发展。从 2012 年开始，美国陆续发布了《大数据研究和发展计划》《数据 – 知识 – 行动计划》《大数据：把握机遇，维护价值》。美国数据要素市场的主要数据来源是联邦和地方政府，为了明确如何使用联邦数据，2019 年开始，美国陆续发布了《联邦数据战略》《2020 行动计划》与《数据伦理框架草案》。此外，美国在立法方面较为分散，并且始终秉持着商业自由发展的态度。相较于欧洲，美国的数据市场政策更为宽松。谷歌、Meta 等美国的数字巨头在全球繁荣发展，为美国带来了巨大的经济效益。为持续支持相关产业发展，美国选择了实用主义的道路。各州陆续出台相关法律。其中，最受关注的为加利福尼亚州于 2018 年通过的《消费者隐私保护法案》（CCPA），全面保障了个人数据在控制、使用以及交易方面的权利，对企业收集、存储、处理以及应用数据的行为做出规范。同时，美国在各个细分行业上，对数据权利进行立法保护，如发布了电信领域的《电子通信隐私法》、金融领域的《金融消费者保护法》、医疗卫生领域的《COVID-19 消费者数据保护法》。

欧洲注重保护个人数据权利，相关法律体系较为完善。欧洲是最早开始构建数据治理法律体系的地区，出台政策密集且体系完备。1981 年，欧洲理事会成员国签署《有关个人数据自动化处理之个人保护公约》。1995 年，欧洲议会及欧盟理事会通过《个人数据处理及自由流通个人保护指令》，统一数据安全标准，为各成员国个人数据保护设置统一底线。2018 年，被称为欧盟“史上最严”数据保护条例的《通用数据保护条例》（GDPR）正式实施，该法律极大地保护了公民数据隐私，强化了数据主体的被遗忘权、数据可携权等。之后，欧盟又推出了《非个人数据自由流动条例》，补充其在非个人数据的处理和流动方面的规则。同时，欧洲还进行了特定行业立法，通过了《视听媒体服务指令》《消费者保护法》《电子隐私条例》等。2022 年，在《欧洲数据战略》的引导下，欧盟陆续通过了《数据法案》《数据治理法案》，完善了商业主体与公共机构（B2G）以及商业主体之间（B2B）的数据共享方面的相关规定，推动数据流动、共享、开发、应用进程。

1984 年英国制定颁布的《数据保护法》是个人数据保护制度的开端，其明确了个人数据保护的对象是可以被识别的、与个人相关的数据——既包括人工记录及自动化获取的个人数据，还涵盖通过公共途径获取的个人信息（如教育记录等）。《数据保护法》设立数据保护登记官一职，以确保该法得到监管执行。1998 年，英国议会对这一法案进行了修订，加大了对公民个人数据的保护力度。此后，英国陆续通过了《信息自由法》（2005 年）、《消费者信用监管规定》（2010 年）等一系列旨在保护公民个人数据信息的法律法规。英国是信托制度的起源国。为促进数据流通、释放数据价值，英国尝试将数据纳入信托机制，在受托人、委托人、受益人三方之间建立相互信赖和责任的法律机制，试点通过第三方实现权力平衡的数据信托模式。2018年，英国政府推动“智慧数据计划”，将分散的个人和企业数据，通过安全的应用程序编程接口等技术手段，分享给被授权且受监管的第三方。在这一计划的推动下，金融领域发起“开放银行”倡议，实现商业银行与第三方机构之间的数据和服务共享。“开放银行”模式让银行服务无处不在，为企业和个人提供了极大的便利，推动了新兴科技企业在金融服务业领域的创新。

日本政府部门通过完善法律法规的顶层设计，出台了《第五期科学技术基本计划》和新《个人信息保护法》，完善反数据垄断相关法律法规，为营造良好的数据流通环境提供政策支持。此外，日本还发布了《官民数据活用推进基本法》等法案，以推动公共信息资源被高效利用。日本数据流通市场的核心组成部分大多是由民间企业或组织主导建立的数据交易平台、数据银行及数据流通推进协会等；数据流通推进协会通过学术会议、数据利用大赛和示范应用推介扩大数据流通市场，并制定与数据开放、数据流通相关的各类标准以规范数据市场。2019年2月，日本与欧盟达成《欧盟日本数据共享协议》，允许个人信息在欧盟和日本间自由流通，无需额外的保障措施或授权。这一对等充分性协议建立在高度保护个人数据的基础上，创造了全球最大的数据自由流通区域，极大地促进了日本大数据和人工智能产业的快速发展。

韩国是全球首个提出数据产业的国家。2021 年 10 月，韩国发布了世界上第一部数据产业基本法律——《数据产业振兴和利用促进基本法》，大力促进了数据产业发展和振兴数据经济。在《第一批数据产业振兴基本规划》中，韩国确定了 2023—2025 年国家数据综合政策方向，制定了到 2027 年将数据市场规模扩大到 50 万亿韩元，数据利用能力进入全球前 10 名等目标，并提出了“促进所有数据的创新生产、开放和共享”“建立以私营部门为主导的数据流通和交易生态系统”“为安全和创新的数据利用奠定基础”“夯实数据产业基础，全面推动国家数字化转型”等重点任务。韩国数据要素放开主要基于 MyData 模式和思想，MyData 强调个体对自身数据有使用管理和授予权限的权利。这一概念最早来自欧美的开放数据（Open Data）运动，由总部位于芬兰的非营利行业组织 MyData Global 发起，近几年在亚太地区迅速发展，尤其在韩国已经落地生根。

1.3 对数据资产价值评估的理解

在进行数据资产价值评估之前，需要明确数据资产的含义。不同主体对数据资产内涵的定义不尽相同，为了更好地理解数据资产的会计计量问题，本书借鉴《企业财务会计报告条例》对资产的定义给出以下定义：数据资产，是指由过去的交易及事项形成的、企业或组织拥有或控制的、预期能够给企业或组织带来经济利益的不具有实物形态的数据资源。

首先，数据资产是由过去的交易及事项形成的，而不能是预期将要发生的。比如，公司拟购买某数据库，但还未形成交易，那么就不能确认为数据资产。其次，该数据资源要由企业或组织拥有或控制，包括企业或组织通过合作开发、购买或租赁的方式向其他数据生产者获取的数据资源以及企业在生产经营过程中自行产生获取的数据资源。再次，该数据资源要能直接或间接给企业或组织在未来带来经济利益，可以通过利用数据改善经营，也可直接出售数据。最后，该项资产需是数据资源的形态，如操作数据、统计数据、系统信息表等。

在了解数据资产的概念之后，本书根据数据的公开程度、数据来源、产生主体以及取得方式等多个维度将数据资产划分为三类，以便更好地进行数据资产价值评估。

第一类是指第一方数据资产，即甲方数据资产，是由数据的产生及存储方所直接拥有并使用的，例如，公司为客户提供服务的过程中产生的大量交易信息数据，包括浏览历史、停留时间、个人信息等。第二类是第二方数据资产，即乙方数据资产，是指从其他方以外购方式获得的数据源。此类数据资产可直接使用，比如从贵阳大数据交易所购买所需数据信息后直接使用，也可加工后使用，比如 iDate API、易观千帆等数据服务商通过外购方式取得数据源并进行数据挖掘处理后应用。很多专业的大数据公司为用户提供的消费偏好、征信情况等数据，都需要通过一定程度的数据挖掘，才能产生价值。第三类是第三方数据资产，指其他的隐私数据资产，此类数据一般无法通过甲方和乙方获取，常利用爬虫、黑客等可能不正规的渠道获取，考虑数据确权问题的复杂性，对这一类数据本书暂不讨论。

在对数据资产进行合理认定的基础之上，本书展开对数据资产价值评估的探讨。激活数据要素的根本目的是以多样、创新的方式投入生产，为经济社会生产创造更大的价值。随着信息技术的发展和产业应用的演化，数据要素投入生产的途径可概括为三次价值释放过程。

一是数据支撑业务贯通，数据投入生产的一次价值体现在支撑企业、政府的业务系统运转上，重心是业务数字化及各类业务信息系统建设，实现业务间的贯通。在这一阶段，各主体所持有的数据种类相对单一，计算的要求简单，技术门槛较低。关键是深入挖掘业务需求，明确业务数字化方向。如制造业企业通过建设订单数据管理系统，实现物流、信息流、资金流的对齐、核验，可有效推动整个业务流程的有序流转。随着业务信息系统的建设，企业、政府的数据实现独立存储、统一管理，大量宝贵的业务数据不断积累，为进一步挖掘数据的生产要素价值奠定重要基础。

二是数据推动数智决策，体现在数据的加工、分析、建模，可以揭示出更深层次的关系和规律，使生产、经营、服务、治理等环节的决策更智慧、智能、精准。关键在于数据可以提供独特的观察视角，在此基础上可以构建出理解、预测乃至控制事物运行的新体系，从而摆脱经验的局限，更加及时有效地防范和化解风险，并创新行动方略。数据的第二次价值释放过程对企业数据挖掘和洞察能力提出了更高的要求，一方面，在对大量数据进行管理和分析的基础上，决策者需要结合对业务目标的深刻理解，运用数据呈现出的关键指标与信息深入评估发展态势，从而做出更具智慧的决策；另一方面，二次价值可以直接回馈一次价值，企业需要充分利用数据分析结果，寻找关键的函数、标签、画像，实现自动化的预测、分析和决策，使业务运转更智能。

三是数据流通对外赋能，让数据流通到更需要的地方，让不同来源的优质数据在新的业务需求和场景中汇聚融合，实现双赢、多赢的价值利用。在数据的第三次价值释放过程中，数据要素市场及其技术路径成为行业关注的焦点，从数据应用的业务需求看，业界对数据的关注焦点已从“对内”转变为“对外”。然而，部分企业受限于资金、人才、技术水平不足，尚不具备业务数据电子化或分析决策智能化的能力，即使引入外部数据也无法有效利用，无法形成回馈业务发展的价值回路。因此，数据支撑业务贯通和促进数智决策的价值仍需要持续释放，数据流通对外赋能的价值也应在前两次价值的基础上逐步发挥。

进一步看数据资产估值，资产评估价值和市场交易价格是资产价值具象化的两种不同方式。资产评估价值是一个理想的值，它是指存在理想的经营环境和资本市场，通过预测未来的收入进行折现来确认资产的价值。公允价值是指存在活跃市场的情况下，双方互相认可的交易价格。但是由于数据资产自身的特征，影响其价值波动的因素较多，如行业的成熟度、市场的供需关系、政府的监管等，其定价需要在传统定价方法的基础上进行一些修正。更重要的是，现阶段我国还未形成完善的数据资产交易市场，仅仅基于数据资产估值暂时还无法准确地对数据资产进行定价。定价和价值评估两者之间有相辅相成的关系，在交易市场不完善的阶段，只能选取最为科学的估值方法进行定价；当市场上出现了一定规模的已完成定价的数据资产后，又会反向促进市场的交易公平，使其更加规范，并进一步促进数据资产估值的科学性。两者的发展水平呈螺旋上升状。只有两者的发展都得到重视，才能为数据资产的定价提供更多客观、科学且被广泛认可的实践和理论依据。

在进行数据资产价值评估时，需要从企业对内的数据要素贡献和绩效考核评价体系入手，以“降本增效”为目标，分析可执行的数据资产价值评估方法；进而基于数据资产价值评估方法，研究设计数据资产价值评估模型，建立多层次可分解的评估指标体系；最后，探讨数据资产价值评估流程机制，与数据资产管理有效衔接以建立闭环。

1.4 对数据资产管理发展趋势的理解

随着数据的重要性日益显著，数据资产管理成为激发组织数据要素活力、加速数据价值释放的关键。良好的数据资产管理是释放数据要素价值、推动数据要素市场发展的前提与基础。数据资产管理涉及规划、控制和提供数据及信息资产的一系列业务职能，包括开发、执行和监督有关数据的计划、政策、方案、项目、流程、方法和程序，从而控制、保护、交付和提高数据资产的价值。数据资产管理通过构建全面、有效且切合实际的管理体系，一方面规范数据资产采集、加工、使用过程，提升数据质量，保障数据安全；另一方面丰富数据资产应用场景，建立数据资产生态，持续运营数据资产，为政府机构与企事业单位进行资产计量确认提供良好的数据条件和能力基础，进一步推动数据要素流通，加速要素市场化。

在数字化经济和数字化转型的背景下，数据资产管理正朝着更主动、专业化、协同化、自动化、多元化和安全的方向发展。这些发展趋势将推动组织更好地管理和利用数据资产，实现数据驱动的业务创新和价值创造，具体体现在以下六个方面：

1. 管理理念

在管理理念上，从被动响应到主动赋能。组织逐步通过设置数据管理岗位和采集数据使用者的诉求来构建数据资产管理需求清单，解决难点并主动赋能业务发展。同时，数据使用者的主动消费意识和能力提升，推动了以数据资产目录为载体、自助式数据服务为手段，并以全流程安全防护为保障的数据主动消费和管控模式。

2. 组织形态

在组织形态上，向专业化与复合型升级。数据资产管理组织逐渐独立化，政府机构和企业都在设立首席数据官（CDO），跨部门协同参与的模式也得到普遍采用。

3. 管理方式

在管理方式上，进行敏捷协同的一体化管理。传统的分散管理活动逐渐演化为敏捷式、协同式的数据资产管理。DataOps 倡导通过建立数据管道和技术推动自动化，实现开发与管理、管理与运营的协同，提高数据访问和获取效率，并持续改进数据质量。

4. 管理手段

在管理手段上，广泛应用自动化与智能化。数据资产管理将逐步被自动智能工具取代，利用人工智能（AI）、机器学习（ML）、机器人流程自动化（RPA）等技术自动执行数据规则校验、发现数据关联关系，并以可视化的方式展现。同时，利用虚拟现实（VR）、增强现实（AR）等技术帮助数据使用者探索和挖掘数据，提升数据应用的趣味性和可用性。

5. 运营模式

在运营模式上，构建多元化的数据生态。引入多维度数据、多类参与方和多种产品形态拓展数据应用场景和数据合作方式，例如，利用行业数据资源优势创新数据生态模式和开放银行模式，为数据运营提供良好的环境。

6. 数据安全

在数据安全上，兼顾合规与发展。数据安全与数据资产合理利用相互促进，通过建立数据安全管理机制，同时考虑数据安全与资产流通的平衡点，实现数据安全和数据资产流通的双重目标。

未来，数据资产管理将进一步从数据的业务供给端出发，通过数据资源化设计业务流程与数据模型，提高业务从物理世界到数字世界的转换效率，并对线上业务的数据质量和安全进行管控，保障业务的高质量运转，降低业务的安全风险。企业将打通内部数据，引入外部数据，加深数据与业务线的融合，催生数据场景化；应用数据分析技术，实现数据赋能业务发展，推动企业精细化管理变革。数据要素化时代，数据作为资产的理念正逐渐成为行业共识，数据管理也愈发演变为对数据资产的管理。以提升数据质量和保障数据安全为基础要求，围绕数据全生命周期，统筹开展数据管理，以释放数据资产价值为核心目标，制定数据赋能业务发展战略，持续运营数据资产。当前，数据资产管理呈现出蓬勃发展的态势，为数据要素市场的发展提供了强劲动力，也为数字经济发展奠定了良好的基础。在国家规划的大力推动下，在行业政策的有效指导下，我们期待数据资产管理将稳步前进，数据资产价值将进一步释放。

1.5 本书的逻辑和框架

本书从企业的数据资产发展及管理现状入手，探究在《数据安全法》和《个人信息保护法》发布实施的背景下，企业数据分类分级策略与合规使用方案。针对企业内部管理控制，本书提出可以从数据要素贡献和绩效考核评价体系入手，确定可行的数据资产价值评估方法，并建立评估模型、评估指标体系和评估流程，将数据资产管理形成一个完整的闭环。为了对不同类型数据资产进行合理的价值评估，本书引进了基于支持向量机方法的数据资产价值评估和金融数据服务企业的价值评估。在评估的基础之上，本书继续探索在要素市场化流通的环境下，企业如何开展有效的数据资产市值管理，确保自身数据资产在市场波动的情况下持续保值增值，进而维护企业自身整体的价值。最后，鉴于数据要素相较于传统生产要素具有一系列独特之处，随着数据资产在企业资产中所占比例的提升，本书详细阐述如何将数据资产合理合规地计入企业财务报表中，并以具体的大数据公司为案例，详细介绍数据资产的会计确认和计量。

1.6 本书的亮点与特色

第一，全面介绍企业数据资产化的路径和方法。本书系统地介绍了企业数据资产化的各个环节，包括数据资产特征的识别，数据资产管理的发展方向、管理思路，数据资产盘点等，帮助读者全面了解数据资产化的全过程。

第二，重点讲解企业数据合规管理方案。作为数据资产化的重要一环，合规管理对企业而言至关重要。本书针对数据合规管理方案进行了详细讲解，以帮助企业遵守相关法律法规，降低法律风险。

第三，着重探讨企业数据资产的价值评估与核算方法。为了帮助企业评估数据资产的价值，本书提供了多种方法和模型，其中包括基于支持向量机的方法。这些方法为企业评估数据资产价值提供了前沿探索，有助于其准确评估和核算数据资产的价值。

第四，强调面向要素市场化的企业数据资产运营。本书关注企业数据资产的市场化运营，帮助企业更好地进行数据资产管理和运营，实现数据的商业价值。通过市场化运营，企业可以更好地利用数据资产，获得更多的经济效益。

第五，立足实践，提供丰富翔实的案例。本书提供了多个实践案例，包括企业数据资产价值评估案例和数据资产入表案例。这些案例能帮助读者更好地理解和掌握实操技巧，从实践层面了解数据资产化的具体操作和应用。

第六，关注企业数据资产的会计处理和入表，提供实操指引。本书通过研究和分析企业数据资产的特点和价值，提出了相应的会计处理方法和原则，为企业在利用和管理数据资产时提供指导和参考。此外，本书特别关注数据资产入表的问题。本书通过研究和探讨数据资产入表的原则和方法，提供了一套可行的解决方案，从而帮助企业更好地反映数据资产的价值和贡献，提高财务报表的准确性和可靠性。

第 2 章

企业数据资产化路径

作为一种新型的生产要素，数据正持续推动着企业业务的变革和优化，主要体现在业务运行逻辑、经营模式、管理方式等方面，其对业务领域产生的作用不断被发现、证实和运用。在当前数字经济背景下，企业应顺应新时代新发展理念，探索适应数字经济时代的数字化转型可行路径，以经济社会发展和服务人民为目标，将数据作为关键生产要素、将科技作为核心生产工具、将平台生态作为主要生产方式，积极开展数字化经营和实践，发掘数据要素的生产价值。

2.1 数据资产的特征

与其他生产要素不同，数据要素的特点包括非实体性、可复制性、无限供给性、边际成本低、可重复使用等，其作用和发挥作用的方式也有所不同。主要体现为：首先，处于未被利用状态（即“睡眠状态”）的数据没有价值，只有在使用过程中才能体现其价值；其次，数据要素的价值通常需要与其他生产要素共同作用方能体现出来，而且数据要素犹如化学反应中的催化剂，在发挥作用前后，自身保持不变。因此，通常将数据资产的基本特征概括为非实体性、依托性和可传输性、标准化、多样性、可复制加工性和价值易变性六个方面。

1. 非实体性

数据资产无实物形态，虽然需要依托实物载体存在，但其价值由数据本身决定。从某种程度而言，数据与其他传统无形资产相似，非实体性特征使得数据具有无消耗性的特点，即数据不会随着使用频率的增加而磨损、消耗。

2. 依托性和可传输性

一方面，数据需存储在一定的介质里，同一数据可以存在于多种不同介质中，并以不同形式同时存在。其介质除了以实物形态存在，如光盘、硬盘、磁带、磁盘、纸等，也可能以生物介质或化学介质的形式存在，介质种类十分多样化。另一方面，数据可以进行空间大跨度传输，其传输能力明显高于物体传输。数据的易传输特征能够大大提升其他生产要素的作用效率。例如，通过数据传输资本、知识、信息等，可以对投资、经营、生活等活动起到助推作用，对全要素生产率的提升产生积极作用。

3. 标准化

生产要素在相同标准、规格和体系下可以相互融合，而数据的标准化可以将各个生产要素融合，进而释放要素的潜在价值。世界的客观物体在各个生产要素均以数据表达后，将会产生数字孪生符号，万物均可以通过数据进行联结。数据的这一特征，可以将企业不同的客户、产品、服务等进行相互联结，在业务领域产生更多和更新的机会。

4. 多样性

数据的表现形式多种多样，可以是数字、表格、图像、声音、视频、文字、光电信号、化学反应，甚至是生物信息等。其多样性在数据与数据处理技术的融合方面也有所体现，比如数据与数据库技术、数字媒体与数字制作技术等形成融合形态的数据资产。而当多样性表现在数据消费者上，则导致使用方式的不确定性。同一种类的数据资产拥有差异化的使用方式，不同类型的数据也可能有多种处理方式。数据应用的这种不确定性会导致数据资产的价值变化波动较大。

5. 可复制加工性

数据可以无限制、无差别、无损耗地进行流转。在数据循环使用的过程中，其可复制加工性特征将对缩减其他生产要素的投入和开支产生积极影响。这是由于数据的无限供给大幅削减了数据与其他生产要素的应用边际成本，并减少了时间、技术、劳动力、资本等相似研发的投入，同时也降低了对生产要素使用者在技术、劳动、知识、资本方面的要求。此外，数据还可以被维护、更新、补充，从而增加数据量；被删除、合并、归集，从而消除冗余；被分析、提炼、挖掘，通过加工处理形成深层次化的数据资产。

6. 价值易变性

数据资产的价值受多种因素影响，这些因素随时间的推移不断变化，某些数据当前看来可能没有价值，但随着时代发展可能会产生巨大的价值。另外，随着同类数据库的发展或者更为先进技术的出现，数据资产将产生无形损耗，这可能降低其价值。

2.2 数据资产管理的发展方向

从数据资产管理的发展历程来看，企业从以往关注数据管理，逐步过渡到关注数据资产管理与运营，其数据政策、管理手段、运营模式在大数据时代的浪潮下正在不断修正与重塑。目前，企业已经从简单的以数据支持经营分析与业务决策，向推动业务创新、资源整合应用及数据价值变现方向跨越，并根据自身特色开展数据资产管理与运营实践。

从概念上看，数据治理强调明确各方职责，制定规章制度和流程，保障数据统一管理和高效运行。数据管理则更为广泛，涉及数据架构、数据建模、数据应用等各个职能活动。例如，规划建设数据集市是数据管理层面的工作，其中涉及的规章制度建设、权限管理、元数据标准制定等则是数据治理层面的工作。数据资产管理不仅包括了数据管理的职能活动，更从数据是资产的角度强化了数据共享、数据价值管理等资产化方面的职能。数据资产管理的核心思想是以资产管理的要求和标准对数据进行管控，将企业经营活动中积累的数据资产化。

在当下的数字环境下，企业以管理驱动的数据战略导向亟待转变，寻求可持续、价值型的数据管理转型发展成为企业的必然选择，以价值为导向的数据资产管理正是实现这一转型的明确方向。在转型过程中，应将重点放在建立以数据作为战略资产管理的经营理念及相应的企业文化上，从而推动数据要素持续释放价值，打造“数字力”。其本质是将业务与数据有机融合，建立起业务数据化、数据业务化的价值链条与数据迭代闭环，最终通过开发和应用数据要素，提高全要素生产率，优化客户体验，促进业务发展。

关于企业数据资产管理的未来发展方向，主要有以下三个方面。

1. 管理专业化

随着企业对数据资产价值的认识不断深入，未来数据资产管理组织将更加专职化，权责会更加集中，人员也会更加专业化。未来数据资产管理会逐步演变为像财务管理、生产管理一样，由企业内部专业人员按照专业知识和流程进行的专业化管理领域。

2. 管理场景化

随着数据资产在企业中的应用不断增加和对业务的支持不断深入，未来数据资产管理会逐步趋于围绕某一具体的应用场景展开。主要表现为：按场景组建涵盖管理人员、运营人员、技术人员的快速反应团队；按场景定制个性化的管理流程；按场景灵活组合管理工具提供服务支持等，从而逐步转变为围绕具体场景的数据资产管理。

3. 管理敏捷化

随着企业数据的急速扩展，数据的及时性越来越强，数据的需求周期越来越短。未来数据资产管理会紧密围绕业务需求，从组织、规程、团队、工具、活动等方面全面趋向敏捷反应和快速服务。

2.3 企业级数据资产管理思路

数据资产管理体系的建设对于企业来说是一项艰巨的任务。在数据资产管理体系建设中，应重点结合数据资产管理规划原则，以企业实际管理特点和数据资产管理现状评估结果为指导，参考成熟的数据资产管理理论框架，统筹规划企业级数据资产管理体系蓝图，切实有效推动企业数据管理工作的落地实施，推动企业数字化转型迈入新阶段。

从概念上看，数据资产管理是从企业战略出发，围绕数据的互联互通、可信易用、共享透明，制定并贯彻执行统一的制度、流程和方法，在数据资产全生命周期内落实数据治理要求，通过数据资产运营，实现数据生产要素最优配置和有序流动，最终实现数据资产价值最大化和保值增值的动态过程。通过进行数据资产管理，企业可以提升数据资产的管理与运营能力，最大化数据要素价值创造力，从而对业务进行全方位、全角度、全链条赋能，进而持续推动业务运行逻辑、经营模式、管理方式等方面的优化和变革。

从路径上看，进行数据资产管理需要以数据战略目标为导向，从“建（生产）”“管（管理）”“用（消费）”三个层面对企业数据资产管理体系进行规划和设计，指导企业数据资产管理工作的开展，提升企业数据资产管理能力。对于企业来说，数据资产管理体系蓝图的规划设计，明确了企业数据资产管理工作的演进方向、具体内容和实施路径。为了确保企业数据资产管理体系蓝图的有效落地，应结合企业数字化转型阶段和信息化建设现状，从制度、组织、机制等方面针对性制定落地保障举措，支撑相关团队高效、敏捷、安全地开展数据资产管理工作。

在企业数据资产管理的各项工作中，必须有与之对应的组织及人员才能产生实际效果。因此，以成本和效率原则为导向，打造一套结构完善、权责清晰的数据资产管理组织架构，并明确从数据产生到资产使用这一全过程的职责分工，对于企业开展数据资产管理工作具有重要意义。

2.4 企业数据资产管理的起点——数据资产盘点

2.4.1 数据资产盘点的意义

数据资产盘点是企业数据资产管理的起点。通过分析企业过去的数据资产化实践活动，可以发现存在一个共识——对数据的管理需要从传统的信息技术管理中分离出来，形成一个独立的环节，使数据成为可复用、可单独管理的要素。为了实现数据供给的要求，一项重要的基础性工作是数据资产盘点。只有通过全面梳理企业中作为资产的数据，数据从业者才能了解数据资产全貌，绘制数据资产地图，有机串联数据的技术面与业务面。如此一来，企业中的数据便能清晰呈现、易于理解且相互关联，为制定更好的数据策略、搭建更强的数据信任、实现更智能的数据应用打下坚实基础。

和实物资产一样，数据资产也需要进行盘点，对必要的信息进行记录。类比超市商品，我们会对其分类、用途、产地、生产日期、保管员等方面的信息进行描述与记录；对于数据，同样也应对其分类、来源、分布、采集日期、管理责任人等信息进行记录。

总体上讲，企业开展数据资产盘点工作的目标是通过开展企业级的数据资产盘点，明确企业数据资产全貌，助推数据资产全生命周期的统一管控，为数据资产的增值利用提供良好基础，促进数据价值变现。数据盘点能够帮助企业明确以卜问题：

（1）企业有多少数据？

（2）企业有哪些数据？

（3）企业的数据价值如何？

（4）企业的这些数据分布在什么地方？最有价值的数据存储在什么位置？

（5）企业数据的归属和责任人是谁？

2.4.2 数据资产盘点的方法

数据资产盘点需要将“自顶向下梳理”与“自下而上补充”相结合。自顶向下梳理是指：先根据企业业务价值链及数据应用场景厘清主题域之间的逻辑关系，并不断进行细分；再针对业务对象进行梳理，定义各个业务对象下的逻辑数据实体；最后盘点每个逻辑数据实体包含的属性，包括属性名称、属性定义、计量单位、值域范围等内容。自下而上补充是指：对企业所有的信息系统现状进行调研，摸清有哪些数据，存储在哪些地方；再对信息系统数据进行统一采集和存储；最后对采集的系统数据项进行整理，包括字段名称、类型、长度、约束等内容。

为了更好地开展企业数据盘点工作，保证盘点过程安全稳定、盘点结果准确可靠，应遵循前瞻性、全面性、基础性、系统性、确定性和可拓展性这六项原则开展具体工作：

（1）前瞻性。数据资产盘点应该从整个盘点过程的角度进行规划和实践，充分考虑数据资产规范、搜索获取、分析应用、绩效评估、可视化展示等需求。

（2）全面性。数据资产盘点范围要全面覆盖企业的所有数据资产。在实践过程中，企业可以分阶段开展盘点工作。

（3）基础性。选择数据资产最稳定的本质属性或特征作为盘点内容，确保盘点内容不因环境因素而发生变化。

（4）系统性。将需要盘点的数据资产的属性或特征按一定排列顺序予以系统化，并形成一个合理的分类体系。

（5）确定性。对于盘点范围内的任何一项数据资产，在分类体系中应该有唯一确定的基本单元与之对应。

（6）可拓展性。数据资产目录框架应满足数据资产不断发展和变化的需求，允许在目录框架中增加新的盘点内容而不影响原有内容，为使用者进行延拓细化创造条件。

2.5 数据资产目录

数据资产目录是按照资源分类索引和目录条目格式要求，对不同类型、不同层次的数据按照一定的分类体系进行编目，用以描述数据的特征，实现数据检索、定位与获取功能的目录。

数据资产目录这一概念的前身是数据字典和元数据存储库。数据字典通常用来收集、存储和管理数据元素、数据格式、数据类型、数据长度以及与其他数据的关系等信息。元数据存储库则拓展了数据字典的概念，不仅包含数据格式类型信息，还包括业务元数据、技术元数据、管理元数据等多种元数据描述。

数据资产目录的建立能够准确浏览企业内所记录或拥有的线上和线下的原始数据资源，如电子文档索引、数据库表、电子文件、电子表格、纸质文档等。数据目录是实现组织内部数据资产管理、业务协同、数据共享、数据服务以及组织外部数据开放、数据服务的基础和依据。

数据资产目录的作用很多，包括但不限于帮助用户理解数据、查找数据和规范数据使用权限等，具体如下：

（1）通过目录关联解决业务人员“理解”的问题。数据资产目录创建了数据资源之间的关联，使得业务人员获得更全面的数据视角。此外，数据资产目录还可以利用语义实现更广泛的对数据业务理解的一致性，避免理解的偏差。

（2）通过目录服务解决业务人员“查找”的问题。数据资产目录服务将现实世界事物（如人、企业、计算机等）的信息存储为具有描述性属性的对象，业务人员可以通过该服务按名称查找对象。此外，数据资产目录也是对数据存储对象的描述，可以帮助人们方便、快速地找到所需要的数据。

（3）通过数据安全解决业务人员“权限”问题。在数据资源目录的应用中，应当建立数据分级和数据共享负责人制度。通过相应制度，企业可以结合实际数据管理的业务特性，明确数据权威负责部门和对应的个体负责人等责任主体，进而明确数据的范围边界和使用方式，并明确数据管理及共享开放的权利和义务。

数据资产目录和分类体系是在企业数据资产全面盘点的基础上对数据进行的分类管理。因此，在数据资产目录方面，一个重要的概念是数据分类管理。数据分类管理应当注意：

（1）数据分类管理尤其需要重视用户思维。即通过准确理解数据应用的具体业务场景，对数据进行分类管理，以形成用户可使用的数据资产目录和体系。此外，应当将数据规范、数据质量等数据问题与数据内容进行有机融合，以便用户及时获取所需数据，准确理解数据含义。

（2）数据分类管理要考虑后续数据资产运营的需求。首先，要建立运营的思维，并在此基础上对数据资产进行分类管理，将数据更好地与业务经营相融合，进而通过数据业务化让数据价值在应用的过程中持续释放；其次，要对数据按照基础数据、标签数据、指标数据等不同类型进行分类管理，并分别采取不同的管理方法，实现数据可见、可懂、可用、可运营、可评价，提炼可共享、复用的数据能力，开发和沉淀一系列高价值的数据产品。

2.6 数据管控的提升

数据管控的意义重大，让数据发挥作用的前提和关键是做好数据管控。由于数据拥有非实体性、可复制性、可重复使用等特征，并且在不同应用环境下产生不同的价值，因而数据作为特殊的生产要素，需在采集、传输、整合、应用等各环节加强管控，并建立专门的数据管控机制。

从数据生命周期视角看，存在三道数据质量的控制防线，共同形成数据质量的闭环管理机制。数据管控贯穿企业各个部门。第一道防线为实现业务源头的事前质量防控，即在数据采集阶段由采集数据的录入部门落实数据业务标准，推动数据质量问题识别和解决。第二道防线为实现数据使用过程的事中质量管控，即在数据的传输、整合、应用阶段由数据的确权主管部门、数据的使用部门、信息科技部门制定检核规则，开展数据质量检核，对数据质量问题进行跟踪检验。第三道防线为实现数据质量的事后监测评价，即在数据管理阶段，由数据资产管理统筹部门或审计稽核部门开展关键数据项日常监测、问题督办及质量提升，进行数据质量考核评价及专项审计。

数据管控是提升数据质量的关键措施，通过数据管控，可以促使数据更好地转化成生产要素，进而释放价值。要做好数据管控，需从两个关键方面着力。

其一，建立数据规范体系并确保执行。首先，要对数据进行统一管理，实现各部门对数据的统一认知，这既是数据生产要素在企业范围内共享的前提，同时也有利于降低管理和沟通的成本。若出现不同部门对数据的定义和处理方式不一致，甚至在客户、产品、渠道等最基础的数据上存在歧义，则可能导致各部门为满足自身业务需求而形成大量数据孤岛，进而导致企业数据管控失效。其次，要建立分层级的数据规范体系，并对数据进行规范化的严格管理，以解决企业多系统的庞大数据量产生的“数据泥潭”现象，使数据更“好用”。例如，对基本数据项统一业务术语，对数据的基本业务属性和技术属性进行统一定义，建立企业级数据模型，对核心数据制定严格管控的数据标准和取数规则。

其二，建立数据的全生命周期质量管理体系。由于数据质量是数据价值释放的关键，只有高质量数据的输入，才能产生有效的结果。然而，当前指数增长的数据量和数据可用性之间存在矛盾，这可能产生数据质量问题。例如，很多数据质量无法满足用户要求，数据准备和数据清洗耗费过多等。而数据质量问题产生的原因较为复杂，涉及数据加工全流程、数据采集源头责任等方面。通过建立一套体系化的解决方案，可以实现对数据质量进行定义，建立完整的数据质量检核规则，搭建数据质量管理平台，制定数据认责办法，并对重要数据质量问题进行专项清理。

2.7 数据共享的应用

全社会数字化程度的提高，极大丰富了用户数据。但与此同时，数据也更加碎片化，因此想要依靠单一数据来源掌握用户情况已经成为过去式。数据要素价值属性的实现，就是在数据共享的应用过程中实现共享双方共同数据资产价值的释放与增值。企业应通过不断拓展数据应用的广度与深度，在安全合规的前提下拓展数据共享内容，推动数据资源共享使用，为社会发展与治理做出贡献。

数据共享的应用可以在数据共享的基础上构建数据与业务融合机制，最终通过使用数据创造价值。其本质是让数据作为生产要素参与生产过程，促进价值创造。在数据共享过程中，应当意识到：数据要素不仅可以通过作为关键指标及时展示企业的经营成果，也可以在具体业务场景中使用以推进业务的发展。例如，通过对客户数据进行分析，更好了解并精准响应客户需求，从而实现业务和数据的有效融合，让数据释放价值。

从数据共享促进价值创造的实现路径角度来看，数据要素的量化、连接、融合等特质可以协助企业串联起其经营管理的全流程，并通过不断强化数据应用，使数据业务化，将数据融入业务，构建覆盖前、中、后台的数据驱动型业务发展模式，不断加强数据分析能力。通过使用数据，发挥数据的独特作用，可以拓展客户、识别风险、管控成本、创新产品和服务，实现价值创造。具体体现在：

（1）通过加强数据挖掘分析，深入洞察客户需求，促进服务改进，在数字化场景中实现数据的闭环运营。一方面，数据共享的应用应当建立完善的用户标签体系，并使用机器学习等模型对客户需求进行深入洞察。另一方面，应当回流营销成果数据，支持模型优化，最终通过形成数据闭环，不断整合沉淀数据，让数据发挥价值。

（2）通过数据驱动创新商业模式的构建，与传统业务模式形成差异，有效解决传统模式难以攻克的痛点问题。例如，在银行业的普惠金融业务中，由于单户金额小、客户数据质量差等原因，传统大中型企业客户服务模式很难满足其需求，导致传统银行在面对小微企业客户业务时能力不足。近年来，在数据共享应用方面处于领先地位的银行以数据为核心抓手，通过关联司法、工商、税务数据等外部数据与内部经营中沉淀的数据相结合，结合大数据挖掘技术实现智能化风控。这创新了小微企业的金融服务模式，为破解小微企业融资难的问题提供了可行路径。

2.8　数据的交易流通

2019 年，党的十九届四中全会首次明确了“数据”生产要素的地位。2020 年 4 月，中共中央、国务院《关于构建更加完善的要素市场化配置体制机制的意见》发布，将数据列为与土地、劳动力、资本、技术并列的生产要素。2020 年 5 月，中共中央、国务院《关于新时代加快完善社会主义市场经济体制的意见》发布实施，再次提出“加快培育发展数据要素市场，建立数据资源清单管理机制，完善数据权属界定、开放共享、交易流通等标准和措施，发挥社会数据资源价值”。2022 年 1 月，在《“十四五”数字经济发展规划》中，提出以数据要素为核心引擎推动数字经济深化发展。

2022 年 6 月 22 日，中央深改委第二十六次会议审议通过了《关于构建数据基础制度更好发挥数据要素作用的意见》(以下简称“数据二十条”)，并于 2022 年 12 月 19 日由中共中央、国务院正式对外发布。“数据二十条”由国家发展改革委牵头研究起草，强调了加快建立系统完整数据要素产权制度是我国构建数据基础制度的重要任务，是加快培育数据要素市场，促进我国数字经济发展的制度保障。2023 年 2 月 27 日，中共中央、国务院印发的《数字中国建设整体布局规划》中明确提出要“畅通数据资源大循环”，进一步推进数字技术和实体经济的深度融合，在农业、工业、金融、教育、医疗、交通、能源等重点领域加快数字技术创新应用。

作为我国第一份系统构建数据基础制度的政策文件，“数据二十条”从数据产权制度、流通交易制度、收益分配制度、数据要素治理等方面提出具体意见，成为我国数据基础制度的“四梁八柱”，加快推进构建数据要素市场。它与时俱进地调整了与数字生产力发展相适应的生产关系，指明了我国数据基础制度的核心主线、关键目标、重点领域和基本原则，对于发挥数据要素作用、促进数据合规流通具有重要意义。此外，传统的权利制度框架所覆盖的内容难以解决数据产权目前面临的主要困境。不论是在数据的生产、交易流通还是在数据使用等过程中，不同主体都存在不同利益诉求，如数据内容的来源方的正当权益和提供数据加工服务的数据处理方的财产性利益等。有效界定各数据主体的权益和责任是当前的核心难点之一。这一难点的存在，使得全社会的数据资源难以进行有效且高效的整合，数据价值倍增难以实现。为解决这一问题，在“数据二十条”中，以解决实际问题为导向，创造性地提出了建立数据资源持有权、数据加工使用权和数据产品经营权“三权分置”的数据产权制度框架，创新数据产权观念，淡化所有权、强调使用权。集“权、责、利”一体的数据产权与数据治理活动协同共生的新范式，是适应数据特性、适应不同数据形态且围绕数据价值链上不同权利的制度安排，有利于促进数据的交易流通。

“数据二十条”从“流通规则、质量标准、交易市场、服务生态”四个层面系统强化了数据流通交易的顶层设计。其中，质量标准是保证数据要素安全、可信、高效地跨主体流转并持续增值的根本前提。首先，应在国家层面结合数据质量国家标准以及数据质量模型国际标准，对完整性、准确性、一致性、及时性、可追溯性、合规性等核心维度形成统一度量框架，并通过行业指南将抽象指标细化为可操作的技术参数和检验方法。以此为基础，建立覆盖数据采集、加工、存储、传输、交易全生命周期的质量评估与认证体系，为数据“上架”交易前的查验、评级与分级定价提供可信依据。

其次，需要在流通规则中嵌入质量约束机制。通过“谁提供、谁声明、谁负责，权责对等”的质量担保条款，对数据产品实施分级示范与失信惩戒：一方面，对经权威第三方检测并保持高等级质量的供给者，给予费用减免、优先展示等激励；另一方面，对虚假声明或质量不达标的主体，纳入行业黑名单并公开通报，形成倒逼机制。这样才能真正厘清各参与方在数据交易流通中的权属、权利与义务，并用客观可量化的质量基线约束“责、权、利”对等落地。

再次，基于数据要素异质性与市场主体多样化，构建分层分域的数据要素市场交易体系，即在国家级枢纽市场统一质量评估口径的同时，允许地方或行业交易场所根据应用场景补充特定标准，形成“国家通用 + 行业 / 区域特色”双轨并行的质量规则体系。随着标准和评估连续迭代更新，交易系统可通过智能合约自动校验数据质量凭证，优化数据供需撮合效率，进一步提升国内市场布局的整体协同水平。

最后，要坚持“主体培育 + 质量服务”双轮驱动，重点孵化两类核心参与者：一类是具备数据整合、加工和高标准质量控制能力的数据商，作为优质“燃料”提供者；另一类是能够提供质量检测、合规评审、风险定价、资产评估等专业服务的第三方机构，成为“助燃剂”。两类主体的协同可持续完善质量评估、定价、风控、交易、交付的闭环生态，激活数据与实体业务、金融服务深度融合的价值链路。

总的来看，数据流通是释放数据要素价值的关键环节，而质量标准则是其安全高效流通的“压舱石”。只有在完善的质量标准体系与配套市场机制共同作用下，数据才能成为可计量、可定价、可交易、可共享的“新型生产资料”，从而真正实现跨组织的数据融合应用，支持数据要素市场化配置与产业数字化升级。

近年来，全国各地陆续设立的区域性数据交易所、交易中心或交易公司，已将质量标准的落地视为核心竞争力。以 2023 年为例，多家交易所将“标准化 + 评估 + 认证”作为合规通行证，上半年某些规模领先的单个数据交易所撮合交易量已超过该交易所以往全年交易量，显示出在统一质量基线和政策激励双重驱动下，数据交易流通正迎来爆发式增长。可以预见，随着国家与地方标准的持续细化，质量评估机制日渐成熟，未来几年我国数据要素流通将进一步兼具活跃度与规范性，为数字经济高质量发展提供坚实支撑。

第 3 章

企业数据合规管理方案

3.1 数字经济背景下数据合规管理的整体趋势与要求

随着数字经济、数字化、智能化的高速发展，数据合规已然成为企业发展的重要领域。数据要素持续治理与应用使企业数据从无序到有序、从有序到丰富多元，数据要素的作用在企业经营中不断被发现、证实和运用，持续推动着企业经营模式、管理方式的优化和变革，也使得数据从资源演化为资产、资本，逐步推动数据资产成为企业经营管理的核心要素。

在国内，数据合规政策、立法多头并进。2021 年，《数据安全法》与《个人信息保护法》正式颁布，标志着数据合规“元年”正式开启，我国数据合规迎来新格局。

近年来，数据领域相关法规与标准相继出台，填补了该领域规范的空白，指引并规范数据合规发展。继《数据安全法》和《个人信息保护法》出台之后，《数据出境安全评估办法》《个人信息出境标准合同办法》《网信部门行政执法程序规定》《个人信息保护认证实施规则》等配套法规从无到有，体系化的数据合规法律与制度框架逐步形成。《网络安全标准实践指南——网络数据分类分级指引》《信息安全技术 重要数据识别指南》《网络安全标准实践指南——个人信息跨境处理活动安全认证规范》等标准规范的逐渐丰富，为企业数据合规管理提供了建设指南。

各个行业在国家政策与法律法规的基础上，以“完善治理体系、保障安全发展”为原则，不断深入立法，明确行业数据合规监管要求，加强数据合规监管力度。此外，也根据行业特点制定了更为详细的标准规范，促使行业实现数据合规发展，为企业数据合规提供细致指引。其中，金融行业和汽车行业是数据合规立法最为活跃的行业，下面将以这两个行业为例，对数据合规的监管要求与处罚进行梳理和剖析。

3.2 行业数据合规要求分析

3.2.1 金融行业数据合规分析

“数据合规”对于金融机构而言并不是一个新兴概念。金融行业历来是对数据最重视、监管力度最大的行业之一。从规范监管报送数据的管理开始，随着对数据的理解和重视程度日益加深，金融行业数据合规管理的内容和边界也不断丰富和延展。

从监管制度上看，以“数据保护”为核心的数据合规监管框架已初步成形，形成了“从法律政策到行业规章”“从中央到地方”的自上而下的数据合规监管体系，并逐步向数据要素价值释放领域延伸。此外，也在不断拓宽监管对象和丰富数据合规管理内容，推动数据合规管理向专业化、场景化发展。

金融行业的数据合规监管制度体系如图 3–1 所示。

随着《数据安全法》和《个人信息保护法》的发布，加之中国人民银行于 2021 年发布的《金融数据安全 数据安全评估规范（征求意见稿）》和《金融数据安全 数据生命周期安全规范》，目前对于保障数据安全的要求已较为体系化，金融机构合理制定和有效落实数据安全管理策略有了真正的依据。《个人信息保护法》以及 2022 年银保监会（现国家金融监督管理总局）发布的《银行保险机构消费者权益保护管理办法》对保护数据权益有了较为成熟的要求。2022 年，银保监会发布《中国银保监会银行业金融机构监管数据标准化规范（2021 版）》（即 EAST5.0）以及《银行保险监管统计管理办法》，使得规范数据处理方面的要求更加系统化。自此，除了管控数据出境和防范数据风险方面的法律法规以及监管要求还有待完善之外，数据合规管理体系已具雏形，数据合规监管体系已相对完善。

在国家层面，确立了“要把安全贯穿数据治理全过程，守住安全底线，明确监管红线”的基本基调，明确了“强化分行业监管和跨行业协同监管”的管理要求。在行业层面，各部委及监管机构正加紧出台办法细则和执行规范，明确数据合规监管模式。例如，中国人民银行、国家金融监督管理总局已先后出台了数据安全的标准规范，下一步预计还将围绕“核心数据”、“重要数据”以及“金融数据出境”等方面进一步出台相关办法。在地方层面，各地政府也结合属地特色规定了辖区内的企业单位的数据合规要求。面对“九龙治水式”的多头监管局面，如何落实不同维度、不同侧重的各类监管要求将是摆在各个金融机构面前的数据合规难题。

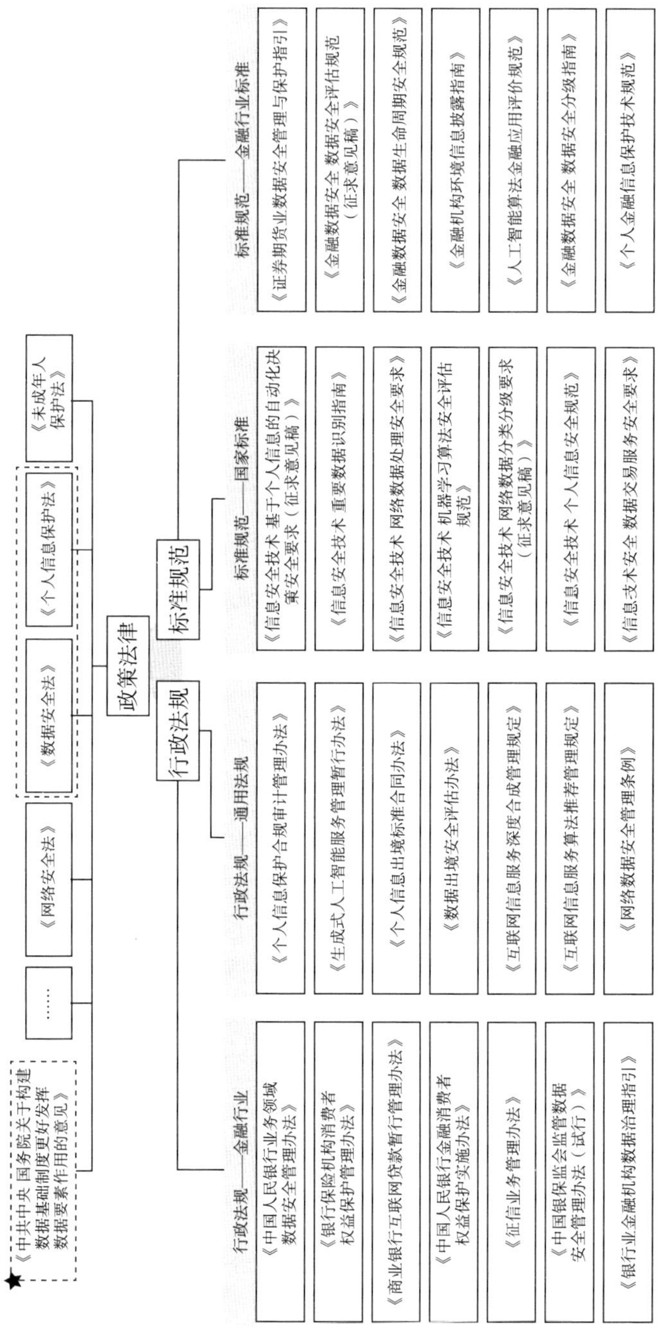

图 3-1 金融行业数据合规监管制度体系概览图

与此同时，在数据合规事件分布上，因违反金融行业相关政策、法律、行政法规和标准规范或由于其他因素而发生的数据合规事件时有发生，典型事件主要涉及监管处罚、通报整改和争议案件三类。

金融行业的数据合规典型事件如图 3–2 所示。

从数据合规事件的分布来看，监管处罚仍是金融机构面临的主要数据合规风险，处罚的重心主要集中在监管报送数据质量和数据泄露方面。同时，近年来针对个人信息权益、数据共享合规等方面的监管也在不断加强。此外，由于“大数据杀熟”“算法推荐”等数据合规管理不到位引起的用户投诉举报、争议诉讼等舆情和法律风险事件也在持续增加，这需要金融机构给予格外重视。

3.2.2　汽车行业数据合规分析

近年来，我国汽车智能化、数字化发展趋势日益增强。随着智能网联、车路协同等功能的实现，用户驾驶、应用交互等用车场景中汽车数据合规问题和风险隐患也日益显著。随着我国《数据安全法》《网络安全法》《个人信息保护法》等数据合规法律的发布，汽车行业以上述法律为基本原则，结合人机交互、自动驾驶、车路协同、地图测绘等相关的行政法规及标准规范，不断完善行业数据合规监管体系。特别是 2022 年，汽车数据合规领域的法律法规相继出台，涉及汽车数据处理安全、自动驾驶、道路测试及测绘地理信息管理等多个方面，填补了汽车数据合规监管的空缺，汽车行业的数据合规要求得到不断强化。

汽车行业的数据合规监管制度体系如图 3–3 所示。

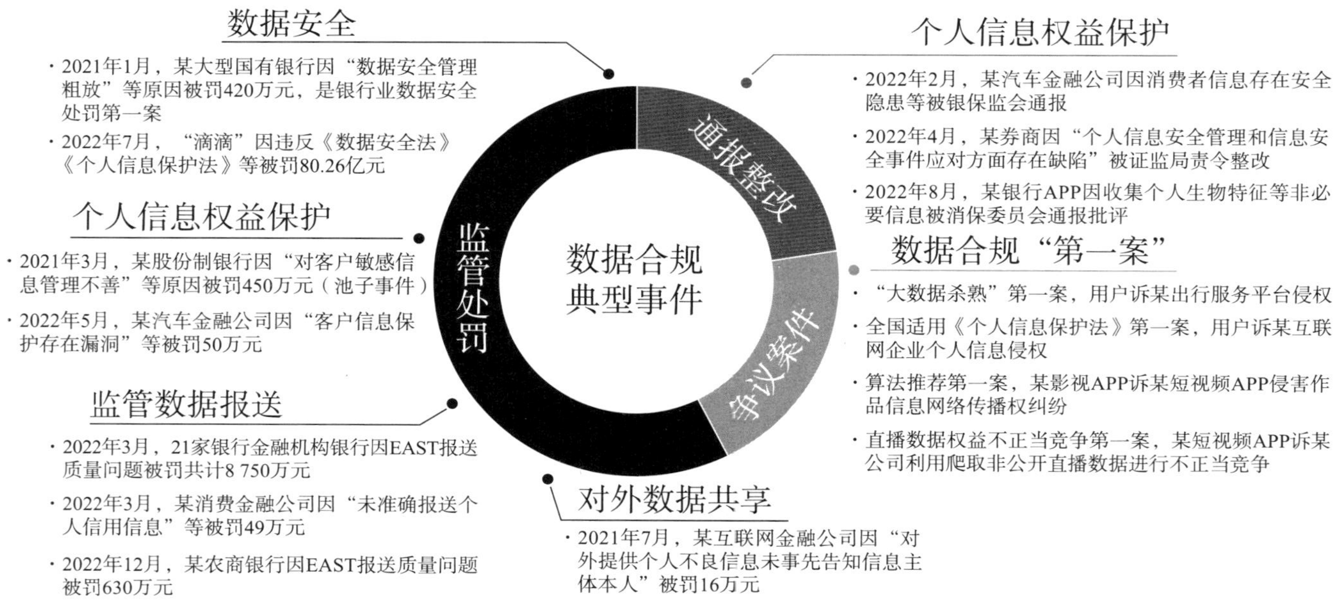

图 3–2　金融行业数据合规典型事件图

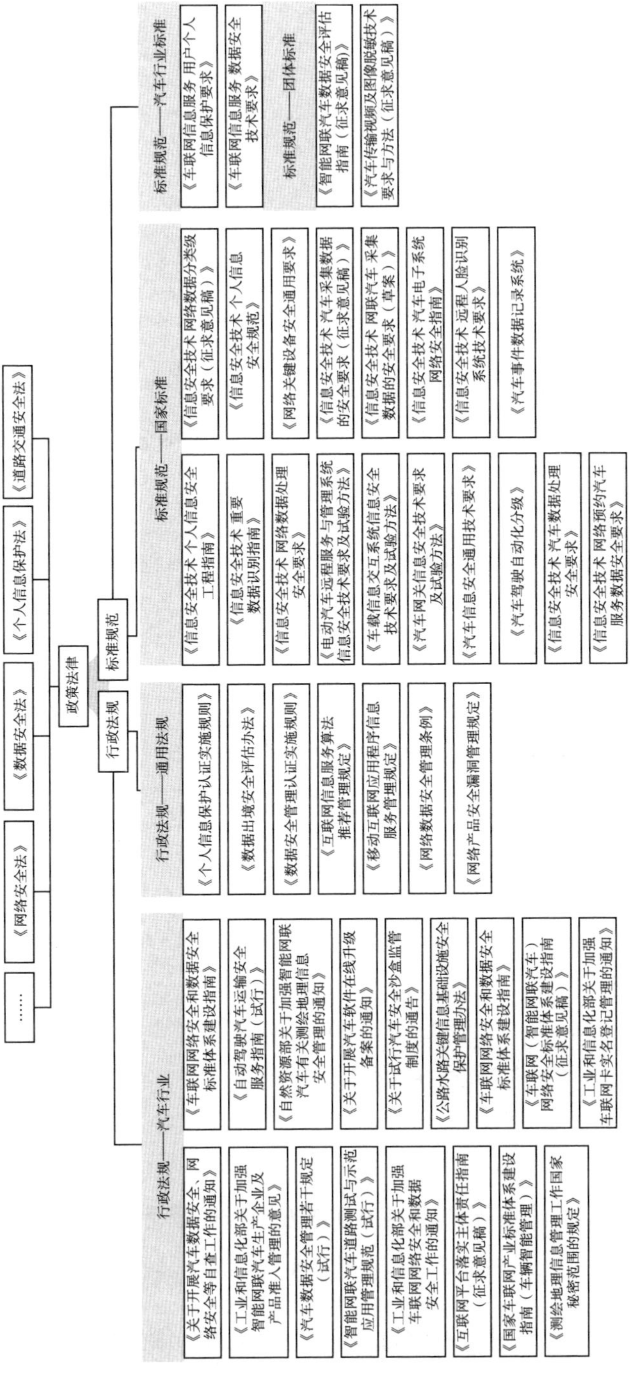

图 3-3　汽车行业数据合规监管制度体系概览图

在汽车数据处理安全方面，2022 年 2 月 25 日，国家市场监管总局、工业和信息化部、交通运输部、应急部和海关总署五部门联合发布《关于试行汽车安全沙盒监管制度的通告》。该通告创新性地引入安全测试机制，针对车辆应用的前沿技术进行深度安全测试，加强了对前沿创新技术的管理。2022 年 2 月 25 日，工信部印发《车联网网络安全和数据安全标准体系建设指南》。该指南指出要在 2025 年前，在网联通信安全、数据安全、应用服务安全等方向，形成较为完善的网络安全和数据安全标准体系，加强标准服务能力，提升标准对细分领域的覆盖程度，为汽车数据安全工作提供了重要指引。2022 年 10 月，国家标准《信息安全技术 汽车数据处理安全要求》细化了汽车数据收集、使用等处理活动的相关要求以及各类车外数据、座舱数据的合规要点，这些合规要求的细化体现了汽车数据监管趋严的态势。

在汽车行业中，不少知名企业因数据安全问题引发关注，不仅涉及近些年兴起的智能汽车行业，也涉及传统汽车行业。它们的数据安全合规问题主要集中在个人信息收集不规范、数据泄露等方面。

3.3 地方数据合规要求分析

为促进地方数据要素的发展，各地方结合地域特色，出台了相关数据条例、数字经济发展规划等文件。以期推动数据要素增长，明确数据合规要求。下面对地方层面的数据合规要求进行详细分析。

自2022年1月1日起,《深圳经济特区数据条例》(以下简称《深圳条例》)开始施行。《深圳条例》的内容涵盖个人数据授权使用、公共数据授权运营、数据要素市场体制机制建设、数据安全保护等方面。明确了以“告知—同意”为前提的个人数据处理规则，即应当在事先充分告知、取得个人同意的前提下处理个人信息。同时，数据处理者应当提供撤回同意的途径，不得对撤回同意进行不合理限制或者附加不合理条件。《深圳条例》强调，不得滥用人脸识别数据，用户有权拒绝数据处理者对其进行个性化推荐。此外,《深圳条例》还涉及数据要素市场的培育，在填补数据交易相关法律规范空白的同时，也首次确立了数据公平竞争相关制度。

《上海市数据条例》(以下简称《上海条例》)以促进数据高效利用和赋能产业发展为基本定位，以保护、促利用为立法主线，围绕数据权益保障、数据流通利用、数据安全管理三大环节，在保障合法合规要求的前提下，最大程度促进数据有序流通和开发利用，推动数据要素赋能数字经济和社会发展。此外,《上海条例》设立“数据权益保障”专章和“个人信息特别保护”专节，明确保障数字经济主体依法使用、加工数据取得的财产性权益，鼓励各类数字经济主体依法开展数据创新活动，并针对广大群众普遍关心的隐私保护问题提出了多项举措。

《厦门经济特区数据条例》(以下简称《厦门条例》)于2022年12月27日经厦门市第十六届人民代表大会常务委员会第九次会议通过，自2023年3月1日起施行。《厦门条例》中明确要建立健全厦门市公共数据资源体系，加快推进公共数据资源汇集、整理和有序开放。同时，还要加快培育“安全可信、包容创新、公平开放、监管有效”的数据要素市场，探索建立数据确权、登记结算、资产评估、交易撮合等数据要素市场运营体系，推动数据要素依法有序流动。

此外，《山东省大数据发展促进条例》《福建省大数据发展条例》《重庆市数据条例》《黑龙江省促进大数据发展应用条例》《辽宁省大数据发展条例》等地方立法均于2022年生效实施，指引地方数据发展。

在数据合规管理专项领域，2021年12月，广州市国资委印发《广州市国资委监管企业数据安全合规管理指南（试行2021年版）》，成为地方国资监管部门首部针对数据合规管理专项领域的操作指南。该指南中，数据安全合规管理相关的定义、概念均与当时最新的立法成果保持一致。2022年1月，上海市杨浦区检察院联合市信息服务业行业协会、市数据合规与安全产业发展专家工作组、区工商业联合会制定发布全市首份《企业数据合规指引》，为数字经济高质量发展提供更加优质的法治保障，试点探索企业数据合规管理。2023年9月，深圳市人民检察院联合深圳市互联网信息办公室、深圳市发展和改革委员会、深圳市司法局和深圳数据交易所等多部门发布《深圳市企业数据合规指引》（以下简称《指引》）。相较《企业数据合规指引》，《指引》在强调企业建立合规体系之外，还确立了数据合规行刑衔接机制，明确了有关的刑事激励措施。《指引》还规定需要依法进行行政处罚的，可以向有关主管机关提出从轻或者减轻处罚的建议，这也是深圳首次探索在合规指引中纳入行刑衔接的相关内容。同时，《指引》还首次明确提出了对于涉案企业合规建设经评估符合有效性标准的，检察机关可以根据具体情况酌情向有关主管部门提出从轻或减轻的建议、意见，这将数据合规的激励效果进一步延伸至行政监管领域。此外，《指引》也建立了数据合规免责容错机制。例如，在“数据交易”环节,《指引》首次建立了企业数据交易的免责事由与容错机制，助力推进数据要素合规高效流通交易，促进数据要素市场发展。

从当前各地政府发布数据合规指引的趋势可以看出，各地立足企业数据法治需求，引导企业开展数据合规管理，期望提高企业的数据合规意识与数据保护水平，也对涉及数据的各类场景制定了全面详细的规范指引。旨在加强各地数据要素合法合规有序流通，加快各地区数字经济建设。在可预见的未来，在数据合规领域，预计将会形成“法律法规—行业规章—地方政策”多层次、多领域的合规监管架构。

3.4　个人信息保护

随着《网络安全法》《数据安全法》《个人信息保护法》等数据合规相关法律法规的相继落地实施，我国数据合规领域基本法律框架逐渐形成。在国内上位法已然就位的前提下，数据安全工作对企业来说已由“或有”正式转变为“刚需”。近年来，网络安全审查等数据合规领域的监管和执法也愈发增多和趋严，执法案件和热点事件屡屡见报，个人信息安全保护已成为企业和社会无法回避的时代命题。

以金融行业的保险数据采集场景为例，首先，保险机构在保险产品推介、投保、理赔等各业务环节需要收集和使用客户的身份证件号码并询问既往健康信息。这些信息均属于个人敏感信息，收集过程中需取得客户的明示同意。但由于互联网保险逆选择风险敞口较大，需要通过客户身份信息来获取部分外部第三方信息（如客户的病史、医疗信息等）作为风控结果参考。其次，客户在使用保险机构 APP 的过程中，同样存在数据采集情形。例如，客户注册成为 APP 用户后，须通过客户主动勾选同意个人信息保护政策完成知情同意授权，便于此后在 APP 内进行投保实名认证、填写信息等一系列涉及数据采集的操作。最后，保险机构在与社交媒体平台合作的过程中，也涉及数据采集场景。例如，在某社交平台搜索某保险机构，可跳转到投保页面，该网页需客户填写信息方可投保。

在数据采集场景中，会存在以下数据合规问题：

一是多人数据采集授权问题。保险业务中存在投保人、被保人、受益人等多个不同自然人，投保人在投保时，会被要求同时提供被保人等非其本人的个人信息，是否需要所有相关人均做授权是值得考虑的问题。如需要，则相关业务流程将更为复杂，客户自主性投保可能性降低。

二是借助第三方数据采集问题。由于需要第三方协助的数据，特别是健康信息等，属于个人敏感信息，且是动态变化的，较难在客户授权上完整覆盖所有数据范围，如采用第三方数据服务也有将信息安全风险转移的考虑。

三是客户身份信息被冒用的欺诈风险以及实名认证的数据准确性问题。

上述在保险业务的数据采集中存在的数据合规问题，亟须企业给予进一步的重视与关注。

总的来看，金融行业是处理个人信息的“集中地”与“高频场”，个人信息处理量大、敏感度高、处理场景多，因此，个人信息保护是金融行业防范数据合规风险的关键。然而，由于部分金融机构的数据基础差，所以解决数据割裂、数据不完整、数据不真实、数据不规范等问题便成为了数据合规的基础。此外，金融行业所涉数据不仅复杂，还极具敏感性，因而数据安全和个人信息保护是目前数据合规监管的重点。当前，金融行业对个人信息保护实行严监管、强监管，是数据合规管理的重点。金融行业不仅要遵循本行业的监管要求，还同时需要满足国家数据合规的管理要求，这导致数据合规管理涉及领域多、难度大。尤其是基于消费金融的业务性质，其业务发展过程中涉及的多为个人金融信息，涉及人数多、存在的问题多且复杂。因此，金融机构应充分树立个人信息保护的观念，高度重视对个人金融信息的保护。

3.5　企业数据合规管理

结合法律法规、行业监管要求以及各地发布的企业数据合规指引，本书总结了企业数据合规相关的定义：

（1）企业数据合规是企业及其员工的经营管理行为符合数据相关法律法规、行业监管规定、地方政府数据条例、行业标准规范以及国际条约等要求。

（2）企业数据合规风险是指企业及其员工因涉数据不合规行为，引发法律责任、受到监管处罚、造成经济或声誉损失以及其他负面影响的可能性。

（3）企业数据合规管理是指以有效降低数据合规风险为目的，开展包括合规管理体系、风险识别、风险评估与应对、合规运行与保障、合规应用等有组织、有计划的管理活动。

（4）企业数据合规管理的典型议题主要包括保障数据安全、保护数据权益、规范数据处理以及防范数据风险四个方面。

其中，保障数据安全是指在数据处理全流程中，通过数据管理和技术保护，保障企业数据、个人数据及公共数据处于有效保护和合法利用的状态。保护数据权益是指在对外提供产品服务、数据处理全流程以及数据流通交易过程中，保障个人和企业的合法数据权益。规范数据处理是指在数据产品开发、数据项目建设、对外提供等数据处理活动或日常业务经营管理过程中，为满足监管机构特定要求落实规范数据处理要求。防范数据风险是指在上述工作基础上，通过建立数据风险管理制度与流程、组织保障，采用定量和定性相结合的方式，对各类数据风险进行识别、评估、量化、监测、报告和控制。

3.5.1 企业数据合规管理难点

数字经济时代，企业数据共享开放场景更为复杂，边界趋于模糊且“动态”，传统数据治理框架下的数据合规管理机制难以适配“数字资产化、要素化”带来的数据风险。同时，随着数据合规监管要求落地，如何保障数据合规高效流通也是企业高质量发展面临的重要挑战。目前，企业数据合规管理的难点主要包括四个方面：

（1）开放场景下数据流动加剧。在开放共享环境下，企业与政府、企业与企业等产生大量业务或合作交集，数据治理交叉边界范围扩大，数据合规管理难度增加。同时，随着接入的外部数据种类和数量越来越多，企业缺少统一完善的数据整合标准及整合流程，这导致数据的解析与存储变得格外复杂，给数据合规管理带来了挑战。

（2）数据合规监管要求持续升级。在多法并轨、多部门监管、多标准并行的环境下，企业缺乏对监管要求的细化解读和行业指导，数据合规管理重点不明确。此外，监管对数据合规要求覆盖领域多、要求细，监管方式愈加数字化、智能化。目前，监管机构运用大数据、人工智能、云计算、区块链等技术积极探索创新监管模式，数据合规监管趋向全量化、明细化、穿透化，这导致企业在短时间内难以满足持续升级的数据合规监管要求。

（3）数据合规管理机制不健全。部分企业尚未建立完善的数据合规管理体系，数据合规组织架构或管理职能边界不清晰，数据合规制度体系不完善，因此难以为日常工作提供有效指导。

（4）数据安全技术工具不完善。随着数据的广泛使用，“防病毒、防火墙、入侵检测”这传统的“三板斧”在开放共享环境下适用性不足。当下需要更完备的技术体系来应对外部威胁，数据安全全链条、全流程追溯、监测管理、预警技术能力亟待提升。

3.5.2 企业数据合规管理体系

企业进行数据管理涉及的主要角色包括一般数据处理者、重要数据处理者、国家核心数据处理者、个人信息处理者、网络运营者、关键信息基础设施运营者以及互联网平台运营者。不同角色对应的数据合规要求不同，不同角色承担的数据合规管理职责也不尽相同。

识别企业相关的数据合规角色，明确不同数据合规角色的责任主体，可以更好地解读、分析以及落实数据合规的相关要求。同时，企业应全面梳理并深入解读与自身角色数据合规管理相关的国家法律、国家标准、地方法规、行业标准等法律法规体系。通过识别数据合规管理的主要工作事项，梳理形成企业数据合规管理工作的“完整要求”，并结合企业自身业务和管理特点搭建企业级数据合规风险管理体系。基于此持续开展数据合规外规内化，将相应的要求对标纳入企业内部制度体系，包括纲领制度、专业制度以及其他制度，严格落实数据合规相关要求。

基于监管法规要求，从企业管理视角出发，数据合规管理应当包含基础保障、合规保护及监督管理三部分。其中，基础保障是数据合规管理需要明确“组织架构、制度规范、流程机制、人员能力、技术工具”等方面实施的基本条件。合规保护是基于数据安全、个人信息保护、数据出境、数据伦理等专项合规要求，明确在产品服务全流程、数据全生命周期及业务日常经营过程中的合规管理要求及实施方案。监督管理则是通过合规需求分析、风险监测预警、应急响应及处置、合规评估审查等管理机制确保“事前分析”“事中监测”“事后评估审核”全流程数据合规管理监督落地。

基于企业数据合规总体要求，企业的数据合规管理应从“组织职责、制度规范、流程机制、人员能力、技术工具、文化建设”六大基础保障着手，打造数据合规管理闭环，推动企业数据合规落地。具体如下：

（1）构建数据合规组织职责，建立“一把手”负责制，建议企业主要负责人作为数据合规第一责任人，分管数据合规的高级管理层为直接责任人。此外，在企业原有数据治理委员会职能的基础上，补充数据合规管理职能，增加数据合规事项决策内容。

（2）建立数据合规制度规范，以完善企业现有数据相关制度，或是新增数据合规管理专项制度，或在已有制度中增加数据合规事项管理要求。

（3）完善数据合规流程机制，按照企业数据合规管理要求，建立数据合规管理配套流程，完善配套表单模板。

（4）提升数据合规人员能力，通过引入外部专家、开展日常培训和专项培训等手段，强化数据合规管理理念，宣传和引导数据合规管理行为规范，从而提升数据合规管理意识和能力。

（5）运用数据合规技术工具，依托科技能力赋能数据合规管理，积极探索先进技术在数据合规管理领域的应用场景，加强企业数据合规管理。

（6）树立和强化企业的数据合规责任意识，在数据采集汇聚、加工处理、流通交易、共享利用等各环节依法依规承担相应责任。

由于数据合规风险具有“难识别、难计量、难管控”的特点，因此企业应以企业级合规管理三道防线为基础，融入数据合规管理要求，落实多方职责，构筑“数据、风险、内控、审计、合规管理”五位一体的全流程合规管理和协同机制。企业级合规管理三道防线分别为：第一道防线是业务部门和科技部门。业务部门负责识别本业务领域的数据合规重点管理内容与高风险场景，落实数据合规管理要求。科技部门则是通过技术手段为数据合规管理提供有力支持。第二道防线是合规管理职能部门，包括合规管理部门、风险管理部门及数据管理部门。负责建设数据合规管理体系，对数据合规管理进行规范、引导、协调、评估、监督、报告和控制，实现数据合规统一管理和有效运营。第三道防线是审计部门。负责建立以数据合规为导向的内部审计与检查机制，落实重点管理领域审计监督职能，守好数据合规管理的最后一关。

3.6 数据分类分级

数据分类分级是实施数据合规管理的基础性工作，面对数据安全法规、监管要求以及海量的数据，企业需要明确数据安全分级的原则、标准和实施策略，以保证在成本可控与时间可控的前提下，完成数据分类分级。企业的数据分类分级工作包括以下五个方面：

（1）制定数据分类分级标准框架。企业应以国家法律法规和行业标准为基础，综合企业实际情况建立适合企业现状并满足监管要求的数据分类分级的标准框架。在框架中，应当明确当前数据分类分级的识别标准，定义数据分类分级遵循的重要原则和方法。

（2）明确数据分类分级管理规范。企业应当以数据分类分级标准框架为基础，进一步明确数据安全管理的相关要求，定义不同安全等级数据的管理措施，形成数据全生命周期过程中应该遵守的安全管理规范。该管理规范将为数据安全技术工具的实施与运营提供管理依据和支撑，进一步提升数据安全运营的管理能力。

（3）搭建智能化数据分类分级工具。企业可以应用机器学习的方法研发数据安全自动化定级模型，建立行业数据安全定级词库。通过算法模型实现对字段级数据安全等级的自动化初步打标，形成企业级的数据分类分级清单，以满足合规监管的字段级分类分级要求。

（4）建立数据安全定级的管理流程机制。企业内部应当明确资产梳理、定级准备、级别判定、级别审核、级别批准等环节中相关部门的职责和操作步骤，确保所有数据安全定级结果均经过数据所属方的复核确认。

（5）优先落实存量数据的数据安全分级。企业应当通过机器模型扫描存量数据，依据存量数据的元数据或者存储的数据值特征，识别和判定为某类安全标签，并对机器扫描结果进行人工复核。所谓自上而下打标，是指数据建模期间，依靠需求分析和模型设计人员对新增数据项的理解，人工识别和判定这些新增数据项的数据安全标签，并将设计结果传导至生产数据，实现对增量数据的安全打标。

3.7　数据合规风险评估与管控

企业应建立数据合规的常态化全面自评估机制，定期对数据安全、个人信息保护、算法伦理等专项合规主题实施评估。同时，针对外部数据共享、新产品上线等重点场景制定数据安全分场景评估方案。以金融产品服务上线审核为例，企业应将数据合规审查纳入产品上线前合规审查中。通过梳理数据安全、消费者权益保护、反洗钱报送等领域合规风险点，围绕金融产品服务的功能设计、服务协议、数据处理环节、新技术使用、第三方合作等方面开展合规审查评估，确保金融产品满足数据合规要求。

在完成重点业务场景的梳理后，首先，企业应根据自身行业及业务场景，找出强关联的监管规范，并且将这些规范进行拆解和总结。其次，要对纳入数据库的规范进行总结，形成相应的标签，确保能够通过搜索关键词的方式快速找到相应的规范。再次，将法律法规数据库和业务场景进行差异化对比，形成合规框架。最后，针对出境数据安全评估、个人信息保护影响评估这类有特殊要求的评估，可以制作可视化的合规工具，推动合规管理落地。

在数据安全分类分级建设的基础上，企业应该将不同级别数据安全的相关管理要求落实到数据采集、数据传输、数据存储等数据全生命周期的各个环节。

数据全生命周期安全管控策略如图 3–4 所示。

（1）数据采集方面，应通过管理和技术双重手段保障内外部数据采集安全。一是通过企业级安全技术工具保障采集过程安全。通过安全组件对采集过程数据的真实性、完整性以及数据采集设备的真实性进行动态验证，并准确记录采集操作过程。二是建立统一外部数据采集安全管控机制。对所有外部数据均进行统一引进和管理。多方面严格审核供应商以保证外部数据来源安全合规，并采用加密方式传输。

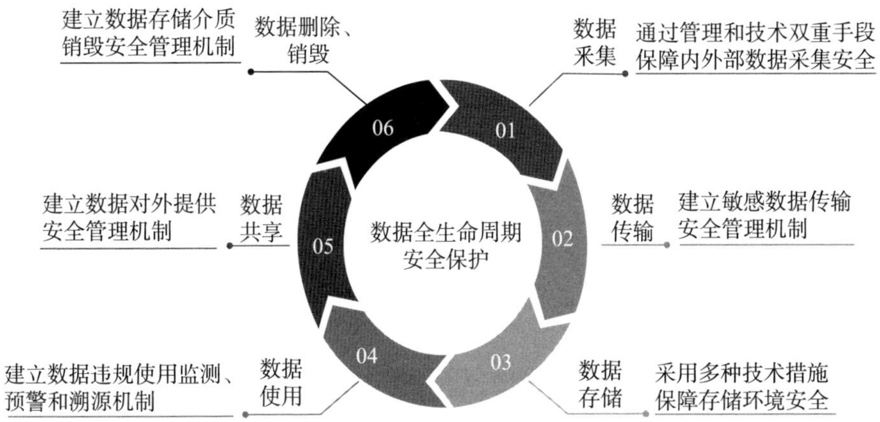

图 3–4　数据全生命周期安全管控策略图

（2）数据传输方面，应建立敏感数据传输安全管理机制。一是应建立敏感数据传输授权管理机制，确保生产数据、前端分析数据、开发测试数据传输均通过授权。二是建立统一的数据安全传输环境，由数据安全组件传输敏感数据，确保中间环节无数据落地存储。三是对外传输敏感数据应采用安全传输协议加密传输，保证数据从生成到传输至应用服务器存储全程加密。

（3）数据存储方面，应采用多种技术措施保障存储环境安全。一是采用数据集中存储，将数据集中存储在运营数据中心的生产环境中。二是实施存储硬件保护，通过双冗余高可用设计和独立冗余磁盘阵列技术，有效保护磁盘数据安全。三是实施生产数据隔离，将生产环境划分为多个安全区域，各个区域间通过防火墙隔离，防止外部攻击和病毒木马入侵信息系统。四是落实访问安全管控，确保所有操作都通过安全操作管理系统，无法私自将数据拷贝至生产环境之外。

（4）数据使用方面，应建立数据违规使用监测、预警和溯源机制。一是系统设计阶段应遵循最小必须原则，严格把控数据下载、导出功能，非必要不开发相关功能。二是应设置系统关键运行指标和预警阈值，指标一旦出现大幅波动，相关部门第一时间分析处理，研判是否出现异常行为。三是实行严格的数据操作记录与溯源机制，对数据查询访问、加工处理、分析挖掘等活动进行监测跟踪，记录数据流动轨迹和操作日志，并根据关键字搜索快速定位违规操作。四是建立数据资产全链路数据流转监测机制，实现从数据产生、加工整合到服务应用的全链路数据关系的全覆盖。全面掌握端到端数据流转情况及健康状态，包括数据的流入流出、所在节点等，确保所有敏感数据的流转都可被监测、记录、分析和溯源。

（5）数据共享方面，应建立数据对外提供安全管理机制。一是在事前完善对外合作协议，按照数据合规相关法律法规要求修订对外合作协议。二是将对外数据提供纳入系统开发需求评审，通过多方共同评审发现数据输出风险。三是加强隐私计算技术开发应用，在确保“数据不出域”的前提下，实现数据“可用不可见”，持续提升数据安全共享能力。

（6）数据删除、销毁方面，应建立数据存储介质销毁安全管理机制。一是设立专人专岗，负责介质管理工作，确保在介质管理过程中，所有活动都符合制度要求。二是使用专有数据销毁工具，通过消磁或销毁的方式进行数据擦除或介质销毁，保障销毁效果。三是建立全流程线上管控机制，通过流程管理平台受理和审批数据销毁需求，记录数据销毁全过程。

3.8　数据合规事件应急管理

为有效应对数据合规事件，企业应当建立相应的数据合规事件应急管理机制。数据合规事件应急处置流程应当包括事前预防、预警监测、初始响应、事件报告、应急处置、对外宣告、次生风险处置、应急状态退出八个方面。

数据合规事件应急处置流程如图 3–5 所示。

企业应从安全、投诉、声誉、网络四个方面建立数据风险应急管理机制，发布应急管理制度和应急预案等规范。还应明确数据风险安全事件的处置流程与职责，定期组织安全渗透测试和风险评估，统筹漏洞管理，并对发现的问题风险进行整改和应急处置，组织安全应急演练和实战演习。在安全事件发生后，应当按照预案实施安全事件应急处置工作，认定安全事件等级和责任单位，并完成安全事件的取证、攻击手法分析、数据泄露溯源分析、评估全程安全态势等工作，挖掘潜在异常行为和攻击威胁。

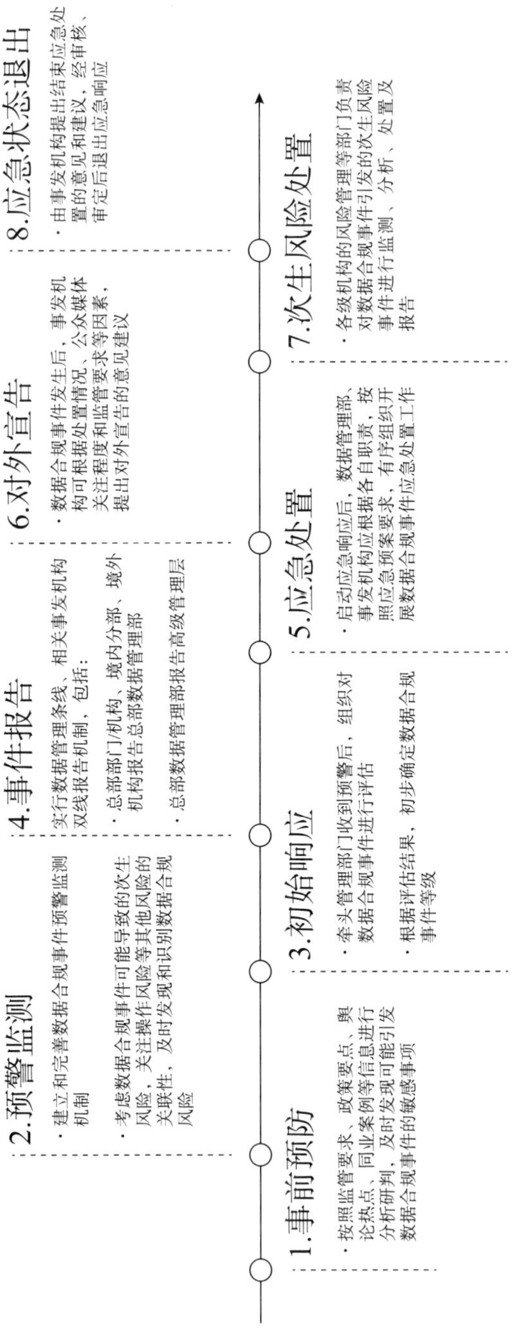

图 3–5 数据合规事件应急处置流程图

第 4 章

企业数据资产价值评估与核算

4.1 数据资产价值评估方法简介

2023 年 8 月，财政部印发了《企业数据资源相关会计处理暂行规定》(财会〔2023〕11 号，以下简称《暂行规定》)，自 2024 年 1 月 1 日起施行，用以规范企业数据资源相关会计处理，强化相关会计信息披露，服务数字经济治理体系建设。

根据《暂行规定》的相关内容，当企业外购或采集、加工等形成的数据资源满足会计准则的条件，被初步确认为可入表的资产时，符合《企业会计准则第 6 号——无形资产》规定的定义和确认条件的，确认为无形资产；符合《企业会计准则第 1 号——存货》规定的定义和确认条件的，确认为存货，按有关规定进行初始计量、后续计量、处置和报废等会计处理。不论是无形资产还是存货，均以成本法进行初始计量。当无形资产需要计提减值准备或存货需要计提存货跌价准备时，应结合数据资源的价值有效期和使用寿命，考虑引入市场法、收益法进行减值评估。

中国资产评估协会于 2023 年 4 月发布了《资产评估专家指引第 9 号——数据资产评估》(以下简称《评估指引》)，同年 9 月发布了《数据资产评估指导意见》，规定了数据资产价值评估可用的方法包括成本法、收益法和市场法。

4.1.1 成本法

根据《暂行规定》，使用成本法对数据资产进行会计初始计量。企业以外购方式取得确认为无形资产的数据资产，成本包括购买价款，相关税费，直接归属于该无形资产达到预定用途所发生的数据脱敏、清洗、标注、整合、分析、可视化等加工过程所发生的有关支出，以及数据权属鉴证、质量评估、登记结算、安全管理等费用。对于数据采集、脱敏、清洗、标注、整合、分析、可视化等服务所发生的有关支出，不符合无形资产定义和确认条件的，计入当期损益。企业内部数据资源研究开发项目的支出，应当区分研究阶段支出（发生时计入当期损益）和开发阶段支出（满足准则规定的无形资产确认条件的，确认为无形资产）。

通过外购方式取得确认为存货的数据资产，采购成本包括购买价款、相关税费、保险费，以及数据权属鉴证、质量评估、登记结算、安全管理等费用。通过数据加工取得确认为存货的数据资产，成本包括采购成本，数据采集、脱敏、清洗、标注、整合、分析、可视化等加工成本和使存货达到目前场所和状态所发生的其他支出。

根据《评估指引》，运用成本法开展数据资产价值评估时，评估依据是为获取数据资产所付出的历史成本。在成本法下，数据资产的价值无法通过计算历史成本完全覆盖，但在某些场景下，运用成本法评估的数据资产价值具有一定合理性，比如进行成本分摊。

成本法的适用范围是市场价值不明确或将要形成市场的数据，本质是计算数据在其生命周期的各个阶段所发生成本的总和，比如数据获取、加工的费用等。成本法的优越之处在于：第一，历史成本易于获取，财务人员从企业保存的历史票据等资料中即可获得数据资产产生的各项成本费用，便于进行财务处理。第二，运用成本法计算数据资产价值还能为与数据相关的法律问题提供佐证。例如，数据丢失后，数据买卖双方的责任认定和赔偿认定往往存在争议，此时如能提供丢失数据的历史成本，便能为确定赔偿金额提供重要参考依据。

成本法也存在一定的局限性。运用成本法评估的数据价值往往低于数据的真实价值，因为数据在其生命周期中发生的成本可能很低，但其在流通使用中能够重复发挥价值，所以基于成本法评估的数据资产价值可能并不准确。成本法适合用于评估非营利机构的数据，比如政务数据。

4.1.2　收益法

按照《暂行规定》的要求，收益法不适用于数据资产会计处理的初始计量，但是在评估数据资产是否存在减值，或者企业将数据资产进行抵质押、融资、对外销售定价时，可以选择收益法进行资产评估。

根据《评估指引》，收益法是将数据资产未来能够实现的预期收益进行折现，从而得到数据资产价值的方法，适用于可以预测预期收益并能够可靠计量的数据资产。收益法的优点是，只要能够准确预估预期收益，用此方法计算的数据资产价值就较为真实准确。但其也存在风险和预期收益受主观因素影响、难以准确预估的问题。该方法适用于数据需求方，数据需求方可以根据企业运用数据的业务场景判断数据能够产生的预期收益，企业内部也更容易开展评估工作。

收益法的计算方式在操作上较为容易，但也存在局限性，即在真实的商业环境中，直接通过使用数据资产取得收益的情况较为少见，数据资产的预期价值主要通过开展业务活动间接实现。

4.1.3 市场法

按照《暂行规定》的要求，市场法同样不适用于数据资产会计处理的初始计量，但是在评估数据资产是否存在减值，或者企业将数据资产进行抵质押、融资、对外销售定价时，可以选择市场法进行评估。

根据《评估指引》，市场法适用于已经具备交易市场，并在活跃的市场中有大量交易的数据，以市场中相似数据的交易价格为定价依据进行估值，此方法能够反映数据在市场中的真实交易价格和市场环境，被数据需求方和供给方广泛运用。

市场法的局限在于，第一，对交易市场的规模有所要求，需要交易市场中已经开展过类似的数据交易，才能够用此方法估值；第二，市场中交易的标的数据的保密性导致数据交易的成交价格和数据内容都难以获取；第三，当前市场中交易的数据类型和数据类别都较少，数据类型局限于结构化数据、数据集和标签数据，数据类别局限于企业、气象和交通数据；第四，数据市场提供的数据质量参差不齐，有些信息难以直接获取。

市场法在以市场中相似数据的交易价格为定价依据进行估值的基础上，也应根据影响数据价值的各种因素（是否有效、是否稀缺等）对数据资产的价值进行分析和调整，使数据资产价值更接近其真实价值。

4.2 数据资产价值评估的复杂性和影响因素

4.2.1 数据资产价值评估的复杂性

数据资产价值评估需要关注影响数据资产价值的成本因素、场景因素、市场因素和质量因素。与传统有形资产相比，数据资产在价值评估过程中表现出更高的复杂性和不确定性，这主要源于其独特的价值属性和市场表现特征。

数据资产的价值属性主要包括数据覆盖地域、数据所属行业、数据成本信息、数据应用场景、数据质量、数据稀缺性及可替代性等。这些属性直接影响评估人员对数据资产价值的判断和计量方法的选择。

4.2.2 影响数据资产价值评估的主要因素

1. 价值实现的场景依赖性

数据资产的价值高度依赖具体的应用场景和使用情境。场景因素包括数据资产的使用范围、应用场景、商业模式、市场前景、财务预测和应用风险等。同一数据集在不同应用场景下可能产生截然不同的价值水平，这要求评估人员必须明确评估目的和具体应用场景，才能准确计量其价值。例如，客户行为数据在精准营销场景下可能具有很高的商业价值，但在风险控制场景下的价值可能相对较低。这种场景依赖性使得数据资产的价值评估必须结合具体的业务应用和市场环境进行分析。

2. 质量因素的价值决定作用

数据质量直接影响数据资产的价值水平和评估结果。质量因素包括数据的准确性、一致性、完整性、规范性、时效性和可访问性等。在价值评估过程中，这些质量维度构成了数据资产价值计量的重要参数。其中，准确性影响数据在决策支持中的可信度，完整性决定数据应用的覆盖范围，时效性关系到数据的现实价值，可访问性则影响数据的流通和变现能力。评估人员需要建立量化的质量评价体系，将质量因素转化为可测量的价值参数。

3. 市场流通的受限性

与传统资产不同，数据资产的市场流通受到多重因素制约。市场因素包括数据资产相关的主要交易市场、市场活跃程度、市场参与者和市场供求关系等。这种市场流通的受限性对评估方法的选择产生重要影响。同时，数据资产权利配置的复杂性，包括数据资源持有权、数据加工使用权、数据产品经营权等不同权利类型，也增加了市场定价的难度。

由于数据交易市场尚未完全成熟，直接的市场法应用受限，评估人员更多需要运用成本法和收益法进行价值计量。

4. 成本构成的多元性

数据资产的成本构成具有多元性特征，这对成本法评估提出了特殊要求。成本因素包括形成数据资产所涉及的前期费用、直接成本、间接成本、机会成本和相关税费等。

在评估实践中，需要识别数据获取成本、存储成本、处理成本、维护成本等不同成本要素。特别是对于内部采集类数据资产，其成本往往分散在企业的各个业务环节中，需要评估人员运用专业判断进行合理分摊和归集。

5. 价值衰减的不确定性

数据资产存在多种价值衰减模式，包括时效性衰减、技术替代衰减、市场环境变化导致的衰减等。价值衰减的不确定性要求评估人员在应用收益法时，必须充分考虑数据资产的生命周期特征和风险因素。

时效性数据因素和时效性使用因素会导致数据资产价值的自然衰减，而技术进步则可能带来成本下降，从而影响数据资产的相对价值。评估人员需要建立动态的价值衰减模型，以准确反映数据资产的价值变化趋势。

4.3 企业数据资产价值评估实施

根据《评估指引》，企业在实施数据资产价值评估的过程中，应确立数据质量评估、安全合规评估、价值评估三大评估体系。在数据质量评估中，应建立标准化数据规范和统一数据标准，并基于数据质量评估规范对指标进行评价；在安全合规评估中，应建立分类分级评估标准和安全合规评估指南；在价值评估中，应在成本法、收益法和市场法的基础上对评估方法进行创新，并制定价值评估指南和整体框架。从数据资产价值管理的视角，企业应围绕数据资产价值创造并不断实现增值的发展目标，建立并不断完善数据资产价值管理体系，企业数据资产评估体系与估值定价体系如图 4–1 所示。

4.3.1 采用成本法评估数据资产

采用成本法评估数据资产时，应注意以下三个方面：

（1）根据形成数据资产所需的全部投入，基于获取数据资产所发生的全部历史成本，分析历史成本和数据价值释放的相关性，并判断成本法是否适用于当前情形。

（2）确定数据资产当前的重置成本，包括前期费用、直接成本、间接成本、机会成本和相关税费等。

（3）确定数据资产价值的调整系数，例如，对于可以直接确定剩余经济寿命的数据资产，可以结合剩余经济寿命确定调整系数。

4.3.2 采用收益法评估数据资产

采用收益法评估数据资产时，应注意以下七个方面：

（1）基于数据资产的基本状况和未来潜力，结合企业中运用此数据资产的业务状态，判断预测未来收益的准确度，以及判断收益法是否适用于当前情形。

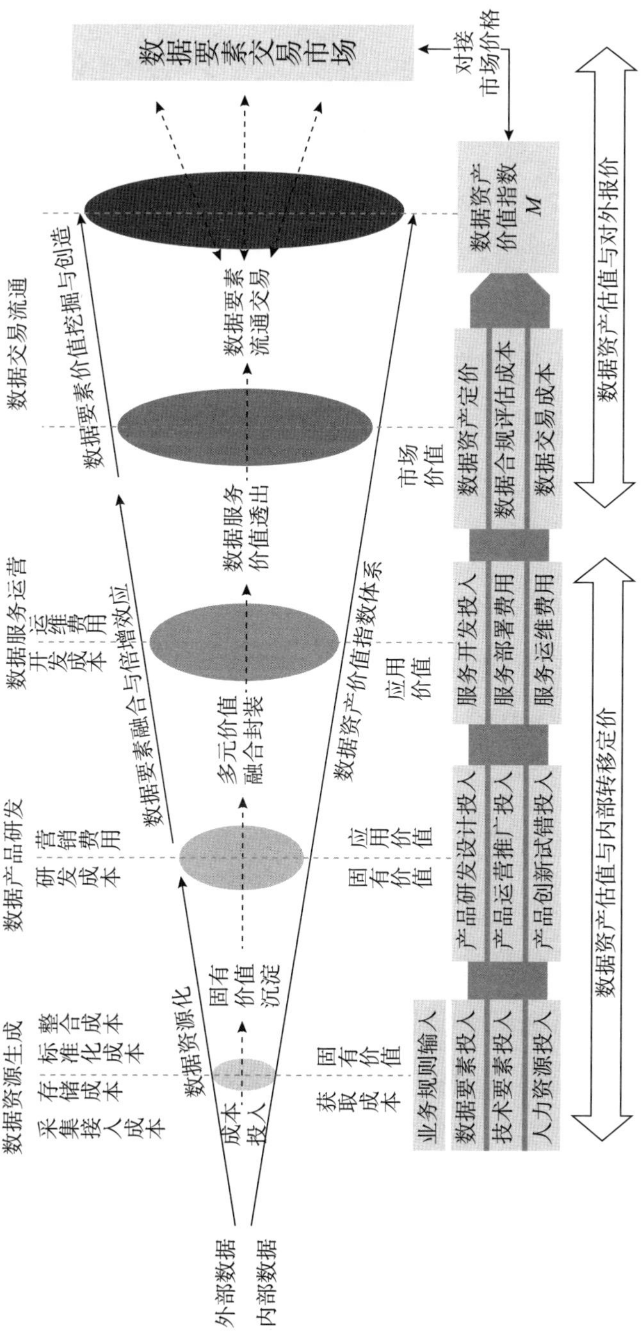

图 4-1　企业数据资产评价体系与估值定价体系

（2）保持预期收益口径与数据权利类型口径一致。

（3）在估算数据资产带来的预期收益时，根据适用性可以选择采用直接收益预测、分成收益预测、超额收益预测和增量收益预测等方式。

（4）区分普通资产与数据资产的收益、费用和利润，对数据资产的收益变动、风险变化等因素进行分析。

（5）在计算折现率时，考虑的因素应包含数据资产的监管风险、流通风险、管理风险等。

（6）保持折现率口径与预期收益口径一致。

（7）综合考虑数据资产的法律有效期限、相关合同有效期限、数据资产的更新时间、数据资产的时效性、数据资产的权利状况以及相关产品生命周期等因素，合理确定经济寿命或者收益期限，并关注数据资产在收益期限内的贡献情况。

4.3.3 采用市场法评估数据资产

采用市场法评估数据资产时，应注意以下三个方面：

（1）考虑数据资产是否具备能够合法公开交易的市场，交易市场中是否存在大量类似的数据资产交易实例，以及交易行为是否符合市场法的要求。

（2）根据该数据资产的特点，选择合适的可比案例，例如，选择数据权利类型、数据交易市场及交易方式、数据规模、应用领域、应用区域及剩余年限等相同或者近似的数据资产。

（3）对比该数据资产与可比案例的差异，确定调整系数，并将调整后的结果汇总分析，得出被评估数据资产的价值。通常情况下，需要考虑质量差异调整、供求差异调整、期日差异调整、容量差异调整以及其他差异调整等。

值得注意的是，同一数据资产可同时采用多种方法进行价值评估，在此种情形下，应对各方法的评估结果进行分析，论述各评估结果之间的不同之处，并阐明以某种评估结果为准的原因。

4.4　数据资产会计核算

《暂行规定》明确了数据要素会计处理方式，将企业内部使用的数据资源计入“无形资产”，将企业对外交易的数据资源计入“存货”，同时明确了企业应当按照相关企业会计准则及本规定等，在财务会计报告附注中对数据资源相关会计信息进行披露。《暂行规定》极富时效性和实践指导意义，对数据资源是否可以确认为资产、可能确认的资产类别以及相关确认和计量等问题进行了规范。同时，该规定兼顾各方利益，引入强制披露和自愿披露相结合的方式，引导企业根据自身情况进行披露。《暂行规定》的颁布在业界引起了广泛关注，向市场和企业释放积极信号，有效推动了企业数据资源会计信息披露工作的开展。

数据资产入表是指将数据资产确认为企业资产并计入资产负债表，逐步构建企业数据要素的会计核算制度。数据资产入表不仅具备充分的法律法规、行业标准等外部条件，也顺应行业数字化转型的趋势。数据资产入表一方面能补充企业数字化转型投入产出的绩效评价，另一方面有助于强化企业业务转型的第二发展曲线。因此，进一步厘清数据资产确认的条件和方式、划定数据资产边界、明确数据资产的会计核算范围是企业下一步的重点工作。

4.4.1 入表范围

《暂行规定》明确了企业数据核算对象涵盖“符合数据资产定义的全口径数据资源”。《暂行规定》适用于企业，不适用于政府和事业单位，对于数据计入企业财务会计报告具有里程碑意义，是数据入表的初期探索。其中规定了数据资源相关会计处理的适用范围包括：一是确认为无形资产或存货等资产类别的数据资源；二是企业合法拥有或控制、预期会给企业带来经济利益，但由于不满足企业会计准则相关资产确认条件而未确认为资产的数据资源。由此可见，在符合资产定义的大前提下，适用范围既包括了满足资产确认条件，即满足“入表”条件，可根据相关规定进一步确认为数据资产的数据资源；也包括尚不满足“入表”条件的数据资源。

并非所有的数据都构成数据资源或数据资产。数据在满足组织特定目的并以资源看待，则构成数据资源。数据资源在满足资产可确权、可计量且预期带来效益的前提下，可以作为数据资产来看待，并且在符合企业会计准则判定条件的基础上作为无形资产或存货入表。不同行业、不同业务场景下的数据资源在内容、形式、持有目的等方面可能各不相同，因此在判定数据资源入表范围时，仍需进行更细化的分析及会计准则判定。

4.4.2　分类

目前《暂行规定》中尚未提出对数据资源进行精细化管理的具体要求。根据资产管理的工作实践，精细化的数据资源管理有助于企业后续的会计核算和信息披露。例如，对于哪些数据资源可以入表的判定就需要结合会计准则要求，对具体的数据类型、数据内容、持有目的、业务场景等情况进行综合考虑和分析，在实务中一般需要数据资源的业务主管部门向财务会计部门提供所需的数据资源详细信息。因此，建议企业在数据资源盘点、确权并形成企业级数据资源目录的基础上，进一步对数据进行精细化管理。

数据资源管理的行业精细化实践是把数据资源落实到单个数据项的粒度进行运营和管理，能够识别数据项的名称、业务定义或口径、对应存储的信息系统及库表字段、权威的系统数据来源、业务主管部门、数据使用部门等具体属性信息，并对数据项的全生命周期（从采集、存储、传输、加工、使用、归档、销毁等）进行管理，实现全链路的数据地图与精细化管理。然而，要做到这点并不容易，需要企业逐步进行管理细化和完善。一般来说，企业会对数据资源进行分类管理，突出工作重点，对不同数据资源分类进行差异化管理。数据资源的分类可以有不同的方式，常见的分类方式包括但不限于以下方式。

1. 按照业务目的进行划分

按照企业自身的业务经营和管理目的，对数据资源进行划分，便于业务用户管理和使用数据资源。可分为客户数据、产品数据、交易数据、合约数据、财务数据、风险数据、机构数据、员工数据等。

2. 按照加工属性进行划分

按照企业对数据进行加工的程度及结果形态，对数据资源进行划分，便于数据资源管理和技术运维。可分为明细数据、指标数据、标签数据、报表数据、模型数据、图谱数据等。

对于不同的数据分类，企业应设计并实施不同的管理策略及具体措施，便于对其维护成本、使用年限、使用价值、应用场景等信息进行针对性记录、衡量，为后续会计处理提供必要的信息。

此外，在数据资源中还有一种特别的资产，是企业在日常经营管理中，按照内外部用户的需求，以数据资源为主要原料，将数据内容、业务逻辑、技术模型和算法等要素进行固化封装，形成持续迭代的、共享复用的、可持续运营的、交付最终用户使用的数据集或数据服务的组合，一般称为数据产品。数据产品可以是相对简单的一套标签、指标、报表等，也可以是满足特定应用场景需求的综合化产品服务，如智慧财务、智慧风控、智慧营销、智慧运营等。这类数据要素型企业一般会单独进行管理，例如，建立独立的数据产品开发和运营部门或团队，甚至是独立的科技子公司，构建一套清晰、完整的数据产品服务目录及评价考核机制，以满足内部如集团、公司内对数据共享和服务的特定需求，外部用户对外输出服务或产品交易的特定需求。

4.4.3　会计科目

《暂行规定》明确了企业内部使用的数据资源计入“存货”和“无形资产”。《暂行规定》针对“企业内部使用的数据资源”给出了明确规定。一是企业持有并以出售为目的的、符合存货准则的数据资源，应当确认为存货；二是企业使用的数据资源、符合无形资产准则的数据资源，应当确认为无形资产。

《暂行规定》特别强调了“预定用途”，这要求企业在治理数据资源、进行数据资源管理的过程中进行颗粒度足够细致的精细化管理，清晰界定数据资源的预定用途。此外，《暂行规定》针对“最终目的用于出售的数据资源”给出了明确规定。一是企业日常活动中持有、最终目的用于出售的数据资源，应当确认为“存货”；二是通过“外购方式”取得的存货数据资源，其采购成本包括购买价款、相关税费、保险费，以及数据权属鉴证、质量评估、登记结算、安全管理等所发生的其他可归属于存货采购成本的费用；三是应当按照存货准则将其成本结转为当期损益，同时应当根据收入准则等规定确认相关收入。

4.4.4　使用期限

数据资源作为无形资产入表后，应按照使用年限进行合理摊销。但是在实务操作中，企业数据资源的迭代更新较快，不论是业务部门、财务部门，还是科技部门都很难界定数据资源的使用期限。

在确认数据资源的使用期限时，需要结合产生该数据资源的类型和特征、数据应用场景的需要与用户需求、数据资源运营管理要求等因素进行综合分析、确定。

从数据资源的类型和特征来看，可以将数据资源划分为基础类数据资源和应用类数据资源。

1. 基础类数据资源的使用期限

基础类数据资源是指企业在提供产品或服务过程中产生的原始数据或明细数据，包括直接或间接采集的数据，经信息处理后在计算机系统中流转或保存的数据，以及通过信息系统签约或收集的电子信息等。一般来说，这类数据资源相对稳定，是构成应用类数据资源的基础要素，可用于多个业务场景或应用，其使用期限会较长。例如，客户基础数据可用于营销、风控等多个场景，既可用于加工统计指标，也可以用于加工客户标签和画像、报表和模型等，且很多应用场景下需要积累多年的历史数据（如很多风险模型需要五年历史数据）。针对这类数据资源，可以结合企业历史数据的使用情况，合理进行业务判断并设置相应的年限（如五年或以上）。

2. 应用类数据资源的使用期限

应用类数据资源是指企业在经营管理过程中，为了满足特定业务场景需求，利用基础类数据资源，按照既定的业务规则或统计分析逻辑，加工后产生的数据资源，如营销推荐数据、风险管理数据、统计分析数据、财务绩效数据等。对于应用类数据资源，其使用期限需要结合特定业务场景和用户需求而定。而业务场景和用户需求是不断变化的，在大数据应用时代，需求变化尤其频繁，因此这类数据资源的使用期限相对较短，业务需求部门需要结合对业务使用场景的评估来确定合理的使用期限（如三年或以下）。

4.4.5 入表的税务影响

数据资源入表的税务影响主要体现在递延确认费用扣除和集团企业关联交易这两方面。

在递延确认费用扣除问题上，企业将原费用化的数据资源入表确认为无形资产，意味着可能减少了当期所得税可税前扣除的费用金额，使得当期所得税支出增大，这会对企业现金流产生负面影响。同时，递延扣除的费用也可形成相应的递延所得税资产，若无形资产还涉及研发费用加计扣除优惠，则上述影响会进一步扩大。需要注意的是，从税务风险管理角度来看，如未将数据资源合理确认为无形资产，则也可能产生提前扣除费用的所得税风险。

在集团企业关联交易上，数据资源确认为无形资产可能显露出集团内存在数据资源占用等关联交易问题。对于这类交易，集团企业需要关注相应的视同销售和转让定价等税务问题，避免引发相关税务风险。

为应对数据资源入表的税务影响和风险，建议企业：一是要在建立数据资源确认为无形资产的管理方法和管理流程时，充分考虑税务风险管理的需要，并同步完善其他无形资产确认的管理方案。二是要梳理集团内与数据资源有关的交易事项，确定税务处理规则、税务管理流程和关联交易定价方法，并尽快处理存量风险事项。

4.4.6 信息披露

《暂行规定》明确了企业数据资源相关的会计信息披露要求。《暂行规定》指出，企业应当按照相关企业会计准则及该规定等，在财务会计报告附注中对数据资源相关会计信息进行披露。披露分为两个部分，分别为"应当披露"和"自愿披露"。无形资产数据资源和存货数据资源应当按照给定格式填表披露；对数据资源进行评估的，应当披露评估依据的信息来源等。《暂行规定》还列举了八项自愿披露信息，包括原始数据类型、规模、来源、权属等信息。

《暂行规定》对开展价值评估的数据资源提出了较高的披露要求。《暂行规定》对于"入表"核算资产的强制披露要求并未超出一般的无形资产准则和存货准则，但针对"开展价值评估的数据资源且评估结果对财务报表具有重要影响的"，提出了较高的披露要求，包括"应当披露评估依据的信息来源、评估结论成立的假设前提和限制条件"等。这也表明，合理对数据资源进行分类分级管理并开展有效的价值评估工作是促进数据资产保值增值、内外部共享以及数据资源优化配置的关键。

按照《暂行规定》的要求，部分数据信息，诸如数据资源的应用场景或业务模式、对企业创造价值的影响方式等信息披露属于企业自愿披露的内容范畴，本身不作为强制要求。但是考虑到目前国家及行业对数据资源的重视程度，许多企业希望在财务报告信息披露中体现自身的数字化能力和数据价值创造能力，以期获得股东及其他利益相关方对企业数字化发展前景的认可。此外，由于会计准则对资产化判定的限制条件、资产认定的未来适用法（即 2024 年以前的数据资源投入无法资产化），以及成本法计量所带来的数据资源入表无法实现增值等影响因素，企业实际数据资源入表的金额很可能远低于预期，这就促使一些企业将无法入表资产化的数据资源以附注的形式对外进行信息披露，展现企业在数字经济时代下的数据资产运营管理能力。这对其他同类企业也会形成一种无形的激励，进而提升行业数据资源信息披露的主动性和积极性。

基于以上披露要求，建议企业建立规范化的数据资源管理体系，配备数据人才、关键技术等必要资源，对数据资源做好一系列运营管理活动。例如，对数据资源进行盘点、确权和目录维护更新，对所涉及的原始数据进行溯源和管理，开展数据加工维护、质量管理和安全保护等工作，建立清晰、有效的数据资源的应用场景或业务模式，明确数据资源相关产品或服务的运营、服务、交易计费等事项，合理评估数据风险和进行有效管控，并对这些管理活动做好过程管理和记录，为未来完整、清晰的信息披露做好准备。

在企业逐步实现数据资产会计核算的过程中，一方面，需要在数据资产化阶段进一步建立确权管理机制，推动数据产品的内部共享、外部流通等价值化兑现过程，进一步有效论证是否具备数据资产的会计“入表”条件；另一方面，需要提前规划和开展“入表”前相应的基础性准备工作，例如，完善数据资产管理、建立成本分摊归集机制、对已产品化的数据资源进行分类分级并进行经济性评价和价值评估等。

第 5 章

基于支持向量机方法的数据资产价值评估

已有研究表明，多种机器学习模型在资产价值评估方面存在显著优势，尤其在预测未来收益上效果显著，这对在复杂任务下估计数据资产未来现金流量具有指导意义。机器学习对未来情况进行预测已经广泛应用于资本市场、农产品市场、天气预报等领域，并取得了一定效果。

在众多机器学习模型中，神经网络模型能够近似高度非线性关系（Hornik et al.，1989），同时，相对于传统预测模型，神经网络模型设置了多层网络异构结构，这种结构增强了模型的灵活性，使其能够更好地逼近资产价值背后复杂的关系。因此，神经网络模型的高度非线性和灵活性的特点，使其可能适用于数据资产的价值评估。

本章将重点介绍另一类机器学习模型——支持向量机（SVM），该模型与神经网络模型存在显著差异。许多传统的神经网络模型采用经验风险最小化原则，支持向量机则遵循结构风险最小化原则。支持向量机的解决方案可能是全局最优的，而其他神经网络模型可能倾向于陷入寻找局部最优解决方案的误区。因此，使用支持向量机在一定程度上可以很好地解决过拟合问题。此外，支持向量机模型对数据规模的要求较低，能在较小规模的样本中找到最有代表性的样本，并基于这些样本进行预测。这个特点意味着经过审计的公开财务数据在数量上就能满足预测的要求，而无需像 BP 神经网络模型那样动辄需要成千上万条数据作为训练集和测试集。

基于以上优势，本章将重点介绍支持向量回归预测方法的原理，探讨采用支持向量机方法来预测收入并应用到企业生产经营中的可行性。以 K 公司为例，构建数据资产价值评估模型，对其未来收入进行预测，并对模型的优点和缺点进行分析。

5.1 基于支持向量回归方法的收入预测

本节具体介绍支持向量机方法和支持向量回归预测方法的原理，探讨支持向量机用于预测收入在理论上的可行性，以及将其应用到企业生产经营中的可行性。

5.1.1 支持向量机方法

支持向量机（SVM）方法能够有效解决小样本、高维度、非线性等问题，同时具有较好的泛化能力。SVM 方法是基于线性可分情况下的最优分类面提出的，蕴含统计学习理论思想的一种方法。在低维空间中，能够将两类样本无错误地分开，并且使得两类样本的分类间隔达到最大的分类线，被称为最优分类线。推广到高维空间，最优分类线就成为最优分类面。

SVM 一般通过非线性变换（核技巧），将输入向量 $\boldsymbol{x}$ 映射到高维特征空间中，然后在这个空间中构建线性模型，这个模型可以表示原始空间中的非线性决策边界。因此，SVM 实际上是在寻找一种特殊的线性模型，即最优分类超平面。SVM 方法可用于分类和回归分析，在分类问题中应用最为普遍。对于线性可分问题，图 5–1 给出了 SVM 找到的最优分类面的示例。图中标示了最优分类面 H，以及两个与之平行的侧面 H_1 和 H_2。H 可以用公式 $\boldsymbol{w}^{\mathrm{T}}\boldsymbol{x}+b=0$ 表示（$\boldsymbol{w}$ 是权重向量，$\boldsymbol{x}$ 是特征向量，b 是截距），H_1 可以用公式 $\boldsymbol{w}^{\mathrm{T}}\boldsymbol{x}+b=-1$ 表示，H_2 可以用公式 $\boldsymbol{w}^{\mathrm{T}}\boldsymbol{x}+b=1$ 表示。对于线性不可分问题，可以使用软间隔分类器或者结合核技巧来解决。

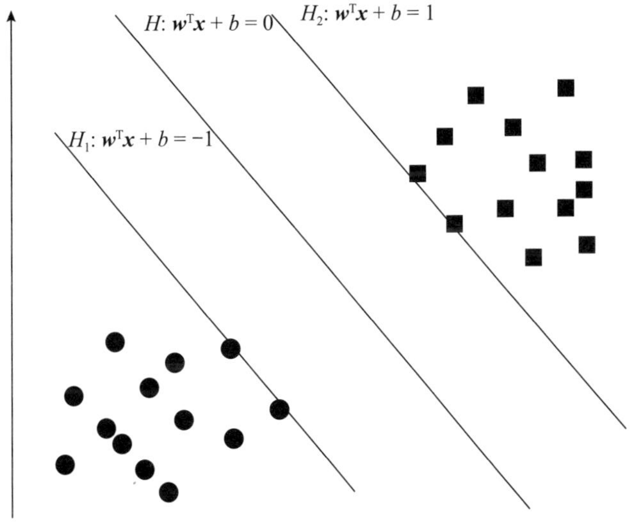

图 5–1　线性可分和 SVM 模型

支持向量回归（SVR）是 SVM 的一个重要的应用分支，其目的是拟合一个连续变量。SVR 与 SVM 的区别在于，SVM 旨在通过寻找最优分类超平面而实现样本分类，SVR 的思想是使所有的样本点距离超平面的总偏差最小。如图 5–2 所示，SVR 可以拟合得到线性模型 H。

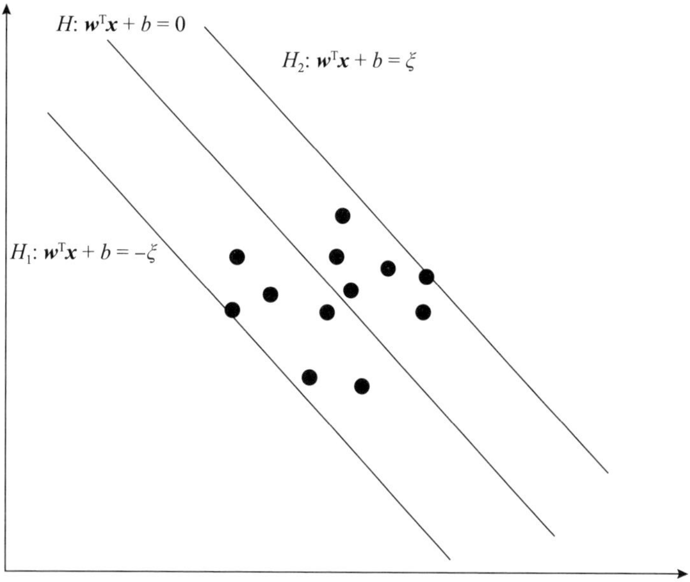

图 5–2　SVR 模型

5.1.2　支持向量机用于预测收入在理论上的可行性

上文提到 SVM 是采用结构风险最小化原则设计的机器学习模型，有非常好的泛化能力。由于其自身的潜力吸引了许多研究人员的注意，进而引发了一系列相关的改进方法的诞生。该类算法在众多领域得到了广泛应用。现阶段应用较为成熟的领域有手写字体和数字识别、文本分类、图像识别和分类等。在经济活动相关的应用场景中，SVM 也被用于预测股价和上市公司绩效。

SVM 主要具有以下特点：

（1）基于有限样本的学习理论，解决了无法取得大规模财务数据的问题。

不同于 BP 神经网络和 LSTM 等算法需要规模庞大的数据量用于训练，SVM 可以适用于有限样本的学习，可以基于适量样本数据分析得到最优解。事实上，在机器学习理论中，经验风险最小化虽然缺乏完善的理论支撑，却是一种重要的思想。应用传统神经网络预测法的理论基础是，当样本增多时，经验风险会逐渐向实际风险靠近。当样本数量趋于无限时，则可以将经验风险视为实际风险。然而，现实中的应用场景往往满足不了模型的要求。即使在大数据蓬勃发展的当下，大型互联网企业有着海量的数据资源，然而，许多中小型企业的数据资源规模仍然有限。在有限样本的情况下，经验风险往往与实际风险偏差较大，神经网络的过拟合现象就是典型的例子。如果算法一开始就过分关注控制神经网络算法的训练误差，最后预测出的结果往往不尽如人意，因为训练时误差过小会影响泛化能力。

上市公司的财报更新频率一般为每个季度更新一次，因此很难从单一的维度获取足够的数据。SVR 可以通过其他维度的相关数据对结果进行修正。本章案例涉及的 K 公司是互联网行业的科技公司，我们可以找到百度搜索指数和其他搜索结果、平台开发者数量等公开数据，为预测提供多方面信息。

（2）基于结构风险最小化原则，出现过拟合现象的概率较小，有较好的泛化能力。

统计学习理论指出，机器学习的实际风险由训练样本的经验风险和置信风险两部分构成。在样本有限的情况下，机器学习的维数和置信范围正相关。因此，一般情况下，维数越多，经验风险和实际风险的差距越大。

SVM 的发展基础是统计学习理论中的结构风险最小化原则。SVM 首先将整个函数集合设置为多个子集，然后按照这些子集的 VC 维（vapnik-chervonenkis dimension，反映研究学习过程的一致收敛）进行排序，在最小经验风险以及置信风险之间寻求平衡，当两者之和最小时，就代表此时的结构风险最小。在这样的处理方式下，能相对有效地避免传统机器学习常见的过拟合问题，在实际应用过程中有较好的泛化能力。

（3）从全局着手，在一定程度上缓解局部极值问题。

SVM 能将非线性问题映射到高维的特征空间，通过在高维特征空间构造线性函数来对样本进行分类。算法的复杂程度与维数无关，因而可节省大量算力资源。SVM 通过学习，能从训练样本中找出占总样本数比例较小的典型样本，由这些样本指导支持向量机对新样本进行分类，在一定程度上缓解了神经网络中无法避免的极值问题。

5.1.3 支持向量机在企业经营中应用的可行性探讨

在上一节，我们已经讨论了使用 SVM 预测数据资产产生经济收益流入在理论上的可行性。在本节，我们探讨运用 SVM 预测企业内部经营活动是否具有现实可能性，是否能满足企业经营方面的要求。我们认为使用 SVM 对企业数据资产进行价值评估是可行的，理由如下：

（1）需要的样本规模较小，可行性较高。

在企业的日常经营中，数据披露的频率往往较低，即便是上市公司，数据披露期间一般以季度为单位。而且，由于资产负债表反映的是某个时点企业的财务状况，利润表是反映某段时间企业经营的财务结果，两者反映的都不是企业的日常经营情况，因此我们难以获取大规模的日常经营和业务数据。可见，我们无法达到使用其他机器学习方法的先决条件——需要大规模的数据来进行模型训练。SVR 模型可以通过不同维度的数据对结果进行回归，在样本数量适量的情况下，能得出比较合理的预测结果。

（2）数据来源公开，满足建模对数据的可靠性要求。

数据资产的拥有企业，往往是技术导向型的高新技术企业，因此有许多资料并不对外公开。如本章所研究的 K 公司通过网页为用户提供语音文字转换服务，最直观的收入预测方案是通过其网站的网页浏览量（PV）、独立访客数（UV）等指标与收入相匹配进行预测，但是这些指标只能从企业的网站后台管理系统中获得，没有第三方可以为会计数据的使用者提供准确可靠的相关指标。不仅如此，这些指标只存在于公司内部的网站系统中，并且每家公司的收入影响因素与收入的匹配关系也相去甚远，这就给审计带来了较大的挑战。同时，由于数据的不透明也可能出现较高的数据造假风险。本章搭建 SVM 模型的变量选自各年度经过审计的财务报表，以及百度指数、搜索结果数量等第三方数据，数据公开且可靠性较强。相比之下，Gartner 提出的数据资产价值评估模型各项指标往往基于个人的主观判断，SVM 选取的指标更为客观，对经验的依赖性较低，结果的可靠性和可用性较强。

（3）数据获取难度小，满足成本效益原则。

市场经济条件下，企业的目的在于追求最大的经济效益，成本效益越高，相对成本就越低。本章中选取的数据的获取并没有太大的难度，可以直接从 Wind 金融终端和百度中查询到相关资料。并且由于这些数据的可靠性强，对这些数据的验证成本也非常低。不管是从审计的角度，还是日常经营决策的角度来看，都能满足成本效益原则。但如果想从第三方获取网站日流量等相关数据，往往需要花费较高的费用来购买相关服务。

（4）涵盖的会计科目较广，满足财务决策对相关性和谨慎性的要求。

流量在互联网公司的运营中具有重要地位，因此营业收入往往会与销售费用中的广告费用、推广费用紧密相连。在收入提高的同时不应忽略销售费用的变化，否则会对企业未来的经营状况过于乐观。在一般的机器学习模型中，选取的参数指标往往较少，无法满足会计的谨慎性要求；而在 SVM 的模型搭建中，可选择多个会计科目，涵盖收入和费用。因此，SVM 方法不仅满足会计数据的相关性要求，也满足会计信息质量的谨慎性要求。

5.2 基于支持向量机方法的数据资产价值评估模型构建

本节以 K 公司为例，基于 SVM 方法，构建数据资产价值评估模型，对 K 公司所持有的数据资产为企业带来的利益流入进行预测，并结合财务管理知识中的股权定价模型，对数据资产进行定价。

5.2.1　K 公司的现状与其数据资产情况介绍

K 公司成立于 1999 年，致力于语音识别相关技术的开发及应用，可以根据其语音云计划来构建各种应用程序，例如，总部位于上海的社交评级网站大众点评，就借助 K 公司的语音识别技术，帮助人们通过电话交谈找到合适的就餐地点。

早在 2010 年，K 公司就以自然语言处理（NLP）的形式将 AI 应用于现实世界，开发了中国第一个语言输入产品。在当时，全球只有谷歌掌握语音输入产品的制造技术。K 公司开发的这一系统精确率超过 99%，支持 22 种不同的中文方言。

2012 年，K 公司推出了语音云平台，这是其为 AI 产业构架的生态系统的一部分。自平台推出以来，已有 860 000 位开发人员在该平台上工作，该平台连接了 19 亿台设备，每天提供近 46 亿次交互服务。

2015 年，K 公司推出了人机交互界面（AIUI），创下了 AI 行业的里程碑，AIUI 重新定义了互联时代的人机交互机标准。

2016 年，K 公司发布了首款智能翻译机，并于 2018 年 4 月推出了 2.0 版本，它提供了普通话与 33 种其他语言和汉语方言之间的实时翻译，还可以翻译照片中的文本，并且预计将来还会有更多技术支持。该产品作为 NLP 的技术升级，可以识别用户的不同语言习惯。

除此之外，K 公司的经营领域还涵盖教育、政府、医疗、客服、营销以及 AI 纪检督察。

在教育行业，北京、上海、江苏等十余个省市已经在中高考中使用 K 公司的语音识别技术参与口语考试的成绩评分。早在 2016

年，K 公司就参与了安徽、江苏、广东、湖南等省市的中高考作文的智能评分。目前，全国超过半数的百强名校采用 K 公司的数据教学平台。

在政府行业，K 公司针对公共安全领域的业务始终保持着非常高的增速，通过与公安部门内部的警务数据结合，融合感知真伪和认知智能，助力公安部门高效维护治安、科学社区治理。

在汽车行业，K 公司积极与奇瑞等汽车制造厂商寻求合作，推出装载人机交互系统的车型，在市场上收到了较好的反响，研究成果得到市场认可，现致力于打造汽车智能交互系统的领导品牌。

在客服行业，K 公司与中国移动达成合作，为中国移动提供智能语音客服全网运营支撑服务。K 公司自行研制的能够实现智能交互的语音客服机器人“晓曼”，已经在建设银行、徽商银行等金融机构营业点得到广泛应用，K 公司致力于围绕不同产业进行相关语音机器人产业链打造。

在医疗行业，K 公司布局医疗智能语音、医学影像识别、辅助诊疗系统三大领域，在多家大型医院中进行应用，取得了令人满意的效果，提高了医院的诊断效率和准确率。

由此可见，K 公司业务的特点就是领域广泛且区分难度高，不同的业务都在不同程度上使用了语音资料数据库这项资产，在主观上对数据资产在各个业务之间进行分离是比较困难的。

K 公司为社会提供的语音识别服务主要工作流程如图 5–3 所示。

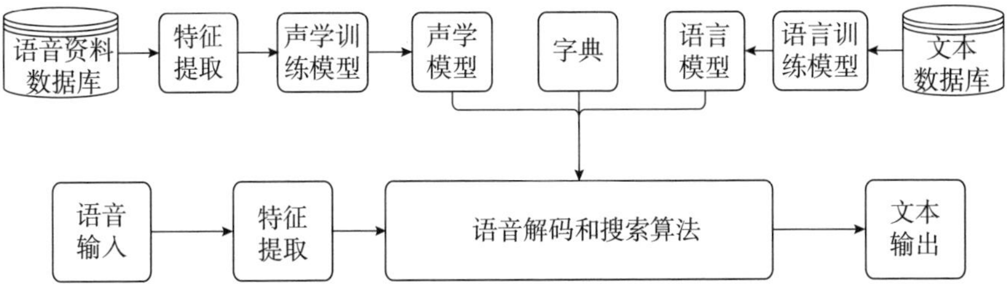

图 5–3　K 公司语音识别服务工作流程图

从工作流程图中可以发现，K 公司实现语音服务的起点便是语音资料数据库和文本数据库，然后通过一定的算法来进行匹配，最后实现结果输出。因此，可以将 K 公司的语料数据库看作为公司带来收益的资产，为该项资产定价是 K 公司估值中非常重要的内容。

结合 K 公司作为高新互联网公司的行业特点，高成长性和高曝光性是该公司非常鲜明的特点。语音资料数据库作为该公司的核心资产，在对其评估时，需要考虑该公司的特点进行指标的选取，因此我们在选取样本时，不仅要考虑日常运营的支出，还需要选取其他能反映该项资产的成长性和受关注程度的指标。根据前文的分析，我们将从三个维度入手，选取八个指标对收入进行预测。

5.2.2　基于支持向量回归的数据资产价值评估流程

1. 样本的选取

我们以 2010—2018 年 K 公司的年报数据、季报数据以及其他网上公开数据作为样本，选取研发成本、销售费用、数据工程与运维服务费用、成本增长率、专利数量、研发人员数量、百度搜索结果、百度指数等指标，尝试对数据资产即语音资料数据库未来为企业带来的利益流入进行预测，从而完成定价工作。

（1）选取样本的维度。我们尝试从公司的日常运营、成长性以及受关注程度这三个维度入手，进行指标的选择，并进行相关性分析。

1）日常运营。日常运营指标包括：研发成本、数据工程与运维服务费用、销售费用。作为技术导向性的互联网科技公司，K公司的主要资产来源于自身的技术研发。同时，考虑到K公司的互联网属性，日常的服务器运营维护费用以及为了提高知名度从而获取流量的广告费用与K公司所拥有的数据资产的价值也有较强的相关性。

2）成长性。成长性指标包括：成本增长率、研发人员数量、专利数量等。对于互联网公司来说，在快速发展的数据时代，机会转瞬即逝，是否能快速成长是衡量其价值的重要指标。由此可知，该公司的数据资产是否能为其带来强大的成长能力也是评判该项数据资产的重要指标。考虑到K公司所在的科技、媒体和通信（TMT）行业中技术的重要性，本案例将K公司公布材料中可获取的成本增长率、研发人员数量、专利数量作为衡量K公司成长性的指标。

3）受关注程度。受关注程度指标包括：百度搜索结果、百度指数等。从传统制造业企业角度来看，企业成长模式的影响因素主要分为内部与外部两部分，内部包括企业家特征、企业战略、企业资源，而外部主要受到环境、公共政策等影响。由此可见，能影响制造业的因素大多都属于既定因素，甚至大部分属于主观因素。企业整体的战略规划和政府及市场的调节变化对企业成长影响重大。然而，对于互联网企业，何毅（2015）通过量化研究指出售后服务能力、品牌推广力度、物流设施支持程度、网络技术应用的领先性、用户口碑、团队创新能力这六大因素是互联网企业成长的影响因素。结合以上观点不难发现，媒体及其他类型线上数据对互联网企业的影响比对传统企业更大，也是更值得互联网企业关注并及时处理的。因此我们选用 2010—2018 年百度指数和百度搜索结果的季度数据，通过这两项数据来评价公众对 K 公司语音服务的关注程度，从而对语音资料数据库进行价值评估。

（2）灰色关联度分析法。在确定拟选择的相关指标后，需要一个科学的方法来确认这些指标与收入的变化是相关的。输入的参数与输出结果间的关联程度高，则说明指标的选择比较合理。在这里选用灰色关联度分析法对这些指标进行分析。

选择灰色关联度分析法，是因为在分析数据的动态历程时，需要一种能对整个系统的长期变化发展态势加以量化的度量方法。该方法旨在通过分析各个子系统之间的数值关系来确认关联程度，通过该方法，我们可以评价数据资产带来的收入与其他指标的相关程度，选取相关程度高的指标作为后续收入预测的参数。

具体计算步骤如下：

1）确定参考数列和比较数列。首先，需要明确选择能够反映系统行为特征的数据，将其归类为一个数据序列，选定该数据序列为参考数列。在本案例中，即为选取 10 年来的收入季度数据作为参考数列。然后，需要选择我们认为对系统行为产生影响的指标数据，如营业成本、销售费用、研发成本等，按照收入的区间进行匹配，作为比较数列。

2）对数据进行无量纲化处理。本案例选取的指标中，不同的指标所代表的意义差别较大，比如，收入指标是一个绝对数指标，而收入增长率是一个相对数指标。为了避免因为数据的量纲不同而无法进行结果的对比，甚至出现错误结论的状况，首先要对数据进行无量纲化处理。

3）求出参考数列与比较数列的关联系数 $\xi(x_i)$，其中 i 表示参考数列和比较数列的编号（$i=0$，1，…，n）。所谓关联程度，实质上是曲线间几何形状的差别程度。对于一个参考数列 $x_0(k)$，存在若干个比较数列 $x_1(k)$，$x_2(k)$，…，$x_n(k)$，k 表示第 k 个样本（$k=1$，…，m），则各比较数列（以第 i 个数列为例，$i>0$）与参考数列在各个时刻（即曲线中的各点）的关联系数 $\xi(x_i)$ 可由下列公式算出：

$$\xi_{0\mathrm{i}}=\frac{\Delta(\min)+\rho\Delta(\max)}{\Delta_{0i}(k)+\rho\Delta(\max)}$$

式中，ρ 为分辨系数，一般在区间［0，1］之间；$\min\limits_{i}\min\limits_{k}\left|x_0(k)-x_i(k)\right|$ 是两级最小差，记为 $\Delta(\min)$；$\max\limits_{i}\max\limits_{k}\left|x_0(k)-x_i(k)\right|$ 是两级最大差，记为 $\Delta(\max)$；$\Delta_{0i}(k)=\left|x_0(k)-x_{\mathrm{i}}(k)\right|$，表示各比较数列 x_i 曲线上的每一个点与参考数列 x_0 曲线上的每一个点的绝对差值。

4）求关联度。根据关联系数的定义，可以知道关联系数不只存在一个，因为该系数反映的是比较数列和参考数列在不同时刻的关联程度。当需要将两者的整体关联度进行比较时，需要将这些分散的数据整合为一个集中的值，从而获得直观的比较结果。一般用求平均值的方法来确认两个数列之间的整体关联度。关联度公式如下：

$$r_i=\frac{1}{m}\sum_{k-1}^{m}\xi_i(k)$$

r_i 是指比较数列 x_i 对参考数列 x_0 的灰色关联度，又称序列关联度。r_i 值越接近 1，说明相关性越好。

5）关联度排序。因素间的关联程度，是指首先将各因素之间的关联度计算出来确认大小，然后按照需要的顺序进行排列。将 n 个比较数列对同一参考数列按照关联度由大到小的次序排列起来，便组成了关联序，它反映了对参考数列来说各比较数列的“优劣”关系。若 $r_{0i} > r_{0j}$，则称 $\{x_i\}$ 对于同一参考数列 $\{x_0\}$ 优于 $\{x_j\}$；r_{0i} 表示第 i 个比较数列对参考数列的特征值。

通过得出的特征值的大小进行关联排序，可以了解到选取的指标对收入的影响程度从大到小依次排序为销售费用、百度搜索结果、管理费用、研发成本、百度指数、专利数量、成本增长率和收入增长率。相关系数最高为 0.765 5，最低为 0.540 8，全部与收入呈正相关，且关联性较强。

以下是对 2011—2018 年的各项指标与收入的相关性分析，采用灰色关联度分析模型进行分析，结果如表 5–1 所示。

表 5–1　灰色关联度分析：收入与各项指标的关联因子

关联因子	关联度	关联因子	关联度
销售费用	0.765 5	百度指数	0.642 8
百度搜索结果	0.723 6	专利数量	0.608 4
管理费用	0.658 9	成本增长率	0.564 3
研发成本	0.645 6	收入增长率	0.540 8

由表 5–1 可见，我们所选取的各项指标和收入的变动均有较高的相关性，满足模型指标的选择要求。

2. 数据预处理

由于数据本身可能存在异常值以及缺失的情况，需要对初始数据进行一些查验以及修正工作。

（1）数据异常值处理。我们获取了 K 公司 10 年来的季度财务报告数据以及其他预测数据所需要的相关原始材料之后，需要对数据进行离群值的检验，排除偏离程度过大的数据对预测结果的不良影响。我们将偏离在 1.5 倍四分位距外的样本定义为离群值，用 NA 替代。

（2）数据缺失值处理。由于在模型运行的过程中数据的缺失往往对结果的影响很大，因此在实际操作过程中，对于数据缺失需要做特殊处理。但是本案例所讨论的数据在选取阶段已经考虑过数据的完整性，数据不存在缺失情况，因此不需要进行缺失值处理。

（3）数据归一化处理。为了保证模型的顺利运行，对不同量级的数据需要进行归一化处理，否则输入指标量纲的不同会造成数据淹没现象。对样本进行归一化处理后样本数据本身的数量规模减小，而数据特征之间的可比性大大提高。只有通过这样的处理，不同变量才能对模型的预测结果起到合理的影响。

本案例采用最值归一法对原始样本数据进行处理，使其变换结果能够映射到［0，1］区间内部，转换函数如下：

$$X_i'=\frac{X_i-\min(x)}{\max(x)-\min(x)}$$

式中，X_i 代表第 i 天的指标 x 的值；$\max\{X_1, X_2, \cdots, X_n\}$ 为样本数据当中的最大值，记为 $\max(x)$；$\min\{X_1, X_2, \cdots, X_n\}$ 为样本数据当中的最小值，记为 $\min(x)$；X_i' 则代表归一化后的指标值。

3. 模型的评价指标

本案例使用的模型评价指标主要有两个：均方根误差（*RMSE*）和平均绝对百分比误差（*MAPE*）。

均方根误差（root mean square error）是预测值与真实值偏差的平方和与观测次数 *m* 比值的平方根。它与标准差不同，标准差反映的是一组数据自身离散程度的指标。在实践中，均方根误差指标已经在工程测量等众多领域得到了广泛应用。

均方根误差的计算表达式如下所示：

$$RMSE=\sqrt{\frac{1}{m}\sum_{i=1}^{m}(\widehat{y}_i-y_i)^2}$$

平均绝对百分比误差（mean absolute percentage error）范围处于［0，+∞）之间，*MAPE* 为 0% 表示完美模型，*MAPE* 大于 100% 则表示劣质模型。平均绝对百分比误差的计算公式如下：

$$MAPE=\frac{1}{m}\sum_{i=1}^{m}\left|\frac{\widehat{y}_i-y_i}{y_i}\right|\times 100\%$$

4. 实验

通过灰色关联度分析对比多个因素关联度的大小，我们确定了影响收入的几个最关联因素。选取关联度最大的前八个因素，它们分别为销售费用、百度搜索结果、管理费用、研发成本、百度指数、专利数量、成本增长率和收入增长率构成一个八维的特征数据。将特征样本数据分为两部分，随机选取其中的 75% 作为训练集，剩余的 25% 作为测试集。我们用同样的方式划分目标数据。将数据输入 SVR 模型进行预测，得到以下结果，如图 5–4 所示。

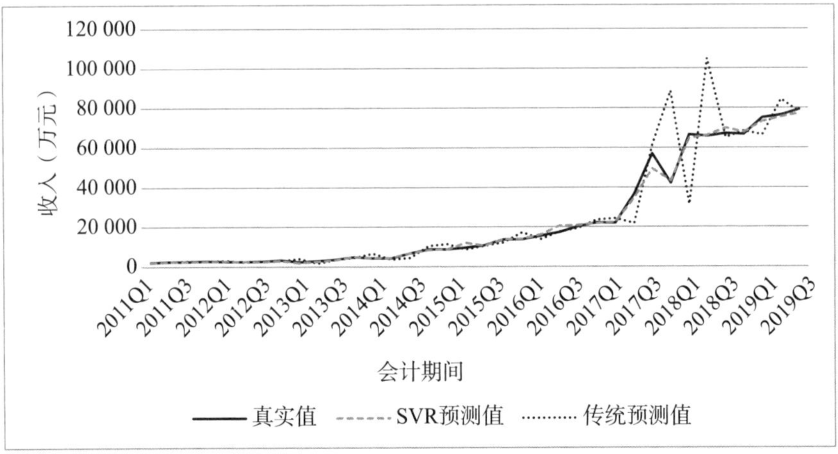

图 5–4　收入预测结果比较

由图 5–4 可知，经过 SVR 模型训练的数据与实际数据走势基本相同，表 5–2 给出了模型的预测误差。从误差值来看，此模型有较好的预测精度，具有一定的参考价值和实用性。

表 5–2　SVR 模型预测精度

	MAPE	*RMSE*
传统预测法	19.89%	12 219.86
SVR 预测法	5.23%	1 684.10

5. 企业所处行业的预期对企业收入增长率的修正

2018 年，AI 基础数据服务的市场规模为 25.86 亿元，其中数据资源定制服务占 86%。在进行评估方法选择时，另一个重要标准是目标企业所处行业的行业特征。相比于传统产业，新兴产业和高附加值产业所持有的实物资产在总资产中占比较小，因此在进行价值评估时的风险较大。在选择价值评估方法时，应充分考虑目标企业所处行业的未来发展情况以及目标企业拥有的无形资产情况。以专利、版权和商誉为例，由于该类无形资产在未来可能带来的经济利益较大，其潜在的经济利益难以用一般的财务数据进行评估，应审慎选择评估方法。2011 年，苹果公司推出了 Siri。随着 Siri 的推出，语音技术发展迅速。由于机器学习的不断发展，语音系统方面的技术水平也在不断提高，尤其是在进行语音识别和自然语音处理时的准确率稳步提升。在现阶段，语音系统进行单词识别、将语音转换为文本时的准确率已超过 95%，这意味着语音技术的语言理解能力与人类正在逐步靠近。此外，相比于打字，利用语音产品进行通信更为方便迅速。因此，随着技术水平的不断提高，在众多的人机交互端口中，语音产品将占有非常重要的地位。

Juniper Research 曾对语音服务行业进行调查，该调查显示，现阶段市场上语音助手的数量为 25 亿台。技术巨头之间的竞争日益激烈，语音服务也逐渐发展，使用语音服务的家庭迅速增多。在美国，家庭智能扬声器的总数不断增加，2018 年已达到 1.555 亿部。根据 Emergen Research 的最新报告，预计到 2028 年，全球智能扬声器市场规模将达到 239.3 亿美元。艾瑞咨询则在统计研究报告中提出，2022 年，我国人工智能基础数据服务市场规模为 31 亿元，受自动驾驶、对话机器人、消费硬件等应用对图像、语音和文本数据集及定制化数据服务的需求上涨影响，预计到 2027 年，市场规模可达到 79 亿元，行业的复合增长率将达到 20.6%。从总体增长率来看，行业发展相对稳定，将形成长期良好发展的局面。

6. 最终定价

根据前文的实验结果，2019 年第四季度的增长率是 2.41%。根据前文的预测行业发展增速为 23.5%，且发展稳健，修正后的收入增长率为 2.96%。通过 Capitaliq 的数据资料，我们将 K 公司的折现率定为 12%。

根据股权自由现金流固定增长模型：$V=\frac{FCFE_0(1+g)}{k_e-g}$，K 公司语音资料数据库的初始定价为 203 892 332 元。

5.3 评价和局限性

5.3.1 对新评估流程的评价

通过实验，我们得出了最终的结果。以下将 SVM 方法与其他预测方法进行对比。

1. 可行性对比

如果采用 BP 神经网络算法进行预测，我们无法从外部获取网站的日访问数据和企业经营收入的明细账，因此不具备足够规模的数据进行数据训练，该方法的可行性较低。而 SVM 方法的各项输入指标可以选择获取较为容易的公开信息，且这些信息大都经过审计，可信度较高，为模型的数据质量提供了较大程度的保障。

在本章的案例中，K 公司的语音资料数据库为企业带来的日常收入数据无法从外部渠道获得，语音资料数据库本身的数据质量的测评也不是普通财务人员可以胜任的。因此通过 BP 神经网络模型对 K 公司的语音资料数据库进行价值评估的可行性要低于使用 SVM 模型。

2. 准确性对比

相较于传统财务预测方法，SVM 模型预测结果所呈现的 *MAPE* 和 *RMSE* 这两项指标均显著低于前者水平。可见，SVM 模型的预测结果准确率明显较高。由于数据规模不支持 BP 神经网络算法进行预测，我们在此不做比较。

3. 普适性对比

相比于传统财务预测方法，SVM 模型的普适范围较小，传统的财务预测方法几乎适用于所有编制财务报表的企业。

相较于 BP 神经网络模型，SVM 模型的普适性较高，可以从两个方面来反映：一是 SVM 模型对样本规模的要求较低，有限的财务数据可以满足模型的应用；二是 SVM 方法本身具有非常好的泛化能力，不太容易发生过拟合的现象。

相较于层次分析法（AHP）对不同类型的数据资产需要进行复杂的层次分析和数据处理，SVM 模型在选择参数时较为直观。基于 AHP 建立的模型专属性可能较高，但对用于分析的数据要求也非常高，因此模型一旦确定，相关参数的调整过程非常复杂。而 SVM 参数指标的选取可以通过专门的软件（如 DPS）来进行测试，通过相关系数的大小来决定是否选取该指标，操作简便，且普适性较高。

5.3.2 运用支持向量机方法进行价值评估的局限性

与传统价值评估方法一样，运用 SVM 方法对数据资产进行价值评估也不完美，存在不可忽视的局限性。局限性主要来自两个方面，一是 SVM 方法固有的局限性，二是应用于数据评估的局限性。

1. 方法固有的局限性

SVM 方法对大规模训练样本进行评估的实施难度大。我们所探讨的数据资产为 K 公司的语音资料数据库，可以看作 K 公司的核心资产，该项资产与 K 公司的收入关联性较大，因此我们将财务报表上的收入等指标作为变量。但在实际操作中，许多公司的数据资产的价值往往无法从收入中简单地剥离出来，因此如果将日常运营中产生和记录的大样本数据作为数据资产价值评估的参数，则 SVM 方法会耗用大量的计算资源，对算力要求高，也会占用较长的评估时间。

2. 应用的局限性

由于数据资产本身所具有的性质，如专属性较强等，使用 SVM 方法进行价值评估并不适用于所有的数据资产。K 公司的语音资料数据库作为核心资产，其结构性质比较简单，在选取指标时需要考虑的因素较少，使用 SVM 方法对收入进行预测基本上可以满足需求。但是当核算需要考虑因素较多的数据资产时，如淘宝、京东等拥有大量不同性质的数据，该方法显然面临较大困难。由于数据资产的种类繁多，在评估数据资产的价值时，我们也应该选择不同的评估方式。

此外，因为 K 公司具有互联网服务的企业属性，我们可以选取百度指数这一类与其相关度较强的指标，而该属性并非所有企业都具有。在指标的选取上，不同的企业需要考虑的因素不同，这为评估工作带来了一定的困难。

第 6 章

面向要素市场化的企业数据资产运营

6.1 数据生产要素市场化流通的趋势

随着我国经济的快速发展，数据要素市场也正在迅速崛起。在“十三五”期间，我国各要素市场规模均有所增长，其中以数据采集、数据流通、数据存储、数据加工等环节为核心的数据要素市场增长尤为迅猛。据国家工信安全中心测算，“十三五”期间，我国数据要素市场规模达到了 545 亿元，复合增速超过 30%；预计“十四五”期间，我国数据要素市场进入高速发展阶段，整体规模将突破 1 749 亿元。

从总体趋势看，数据要素市场发展有三大特点：

（1）数据要素市场的主体呈现出日益多元化的态势。随着数据要素市场的逐步发展壮大，以政府、企业、数据交易机构、科研院所及产业孵化场等机构为代表的市场主体纷纷投入运作，进一步推动数据要素市场发展。

（2）“数据要素合规有序流通”成为主流趋势。大数据、人工智能、隐私计算、区块链等新兴技术不断发展完善，与数据要素市场的融合逐渐深化，数据的流通和交易过程将更为安全、有序。

（3）数据要素市场的行业应用场景不断拓展。根据中共中央、国务院发布的《关于构建更加完善的要素市场化配置体制机制的意见》，要培育数字经济新产业、新业态和新模式，支持数据应用场景在农业、工业、交通、教育、安防、城市管理、公共资源交易等领域规范化开发。应用场景的丰富为垂直领域提供了大量数据需求，有利于促进数据要素市场生态体系建设。

数据要素市场化的本质是数据要素商业化，是实现数据要素从产品到商品的转化。这一过程需要根据市场运行的基本要素特征，加大数据要素的生产力度，扩大数据要素的应用范围，提高数据要素的交易成功率，激活数据要素微观主体，激发生产数据要素的积极性，将数据要素的经营与管理完全嵌入全流程生产经营活动当中，通过数据要素来优化供给、创造需求。

目前，国家层面围绕数字经济已陆续出台了一系列数据要素市场化的相关政策。区别于传统经济，数字经济的核心生产资料是数据。近年来，数字经济蓬勃发展：2023 年，我国的数字经济增加值已超过 40 万亿元，占 GDP 的 31.8%。其中，数字经济核心产业增加值为 12.76 万亿元，占 GDP 的比重为 9.9%。数字经济已成为推动我国发展的关键动力。在数字经济时代，数据是驱动经济运行和增长的关键要素。

2019 年，党的十九届四中全会提出“健全劳动、资本、土地、知识、技术、管理、数据等生产要素由市场评价贡献、按贡献决定报酬的机制”，首次将“数据”列为生产要素，各级地方政府也将数据资产交易视为加快要素市场建设的重要突破口。

2020 年 4 月 9 日，中共中央、国务院发布了《关于构建更加完善的要素市场化配置体制机制的意见》，再次将数据列为与土地、劳动力、资本、技术并列的生产要素。此后，相关职能部门和地方政府积极响应，采取了一系列配套措施，利用相关技术来驱动数据资产的流动，逐步发展起一批区域性数据要素市场。

2020 年 5 月 11 日，中共中央、国务院发布了《关于新时代加快完善社会主义市场经济体制的意见》，提出“加快培育发展数据要素市场，建立数据资源清单管理机制，完善数据权属界定、开放共享、交易流通等标准和措施，发挥社会数据资源价值”，这意味着建设数据市场和明确数据交易规则已经成为社会主义市场经济体制改革的重要组成部分。

2022 年 1 月 12 日，国务院发布《“十四五”数字经济发展规划》，提出要充分发挥数据要素作用，并于 2025 年初步建立数据要素市场体系。

2022 年 4 月 10 日，《中共中央 国务院关于加快建设全国统一大市场的意见》发布，提出“建立健全数据安全、权利保护、跨境传输管理、交易流通、开放共享、安全认证等领域的基础制度和标准规范，深入调查数据资源，促进数据资源开发利用”，进而加快培育数据要素市场。

2022 年 12 月 2 日，《中共中央 国务院关于构建数据基础制度更好发挥数据要素作用的意见》发布，明确要求建立合法、高效、场内外统一的数据要素流通和交易体系，为进一步构建我国数据交易市场体系提供了基本的指导原则，这标志着我国数据产权制度从宏观政策主张向具体制度实践的转变。

2023 年 8 月 1 日，财政部印发了《企业数据资源相关会计处理暂行规定》，自 2024 年 1 月 1 日起施行，用以规范企业数据资源相关会计处理，强化相关会计信息披露，服务数字经济治理体系建设。

在全国范围内，多个省市也已经立法并出台了数字经济促进条例。自 2022 年 1 月 12 日国务院发布《“十四五”数字经济发展规划》以来，各地纷纷响应国家战略规划，制定并发布与数字经济相关的法律法规。截至 2024 年底，浙江、广东、河南、河北、广州、江苏、深圳、北京、南昌、山西、石家庄、湖南、黑龙江和济南等 14 个省市已经发布了有关数字经济发展的促进条例。数字经济作为一种引领未来的新型经济形态，已经成为推动经济社会变革的重要力量和引领经济高质量发展的核心引擎。有条件的地区正在利用先发优势，积极推动数字经济的发展。

各地已出台的条例充分体现了数据要素的战略意义。各界普遍重视发掘数据要素的价值，并强调通过制度建设和体制完善，强化数据资源开发利用，进而推动数据要素的市场化配置并增强数据安全保障。相关政策能够推动治理体系不断完善资产要素化流程：

（1）数据产权，从立法角度推动数据确权，消除核心风险顾虑。

（2）数据评估，完善数据资产价值评估体系。

（3）数据入表，数据以资产形式计入资产负债表，并调整相应资本政策。

（4）数据金融，涉及公民企业数据贷款、数据入股、金融创新服务。

（5）数据财政，涉及各地政府开展“数据出让金、数据补助”等制度的探索。

（6）数据税收，涉及将民生数据应用抵税、数据采购费用纳入研发费用、平台企业征收数据税。

数据要素产业逐步成形，监管部门和受益运营主体逐渐建立。随着数字经济的高速发展，数据作为基础性战略资源和核心要素，日益受到各级政府、企事业单位、研究机构和社会各界的关注。在国家政策的引导下，地方试点工作逐步推进，企业不断推陈出新。我国数据要素市场的基础制度体系得到进一步完善，数据交易模式趋于成熟，数据要素的市场化配置效率不断提高。从 2018 年开始，各地政府内部设置大数据局等部门，承接当地数据要素管理工作，形成了较为完善的数据监管、治理、运营体系。从省级到地市级再到县市级，各级政府纷纷成立大数据局或大数据中心，职责涵盖各地区域内数据全面战略和数据要素市场培育。多数省份及重点城市已成立专门机构（如事业单位、国有企业）作为政务数据运营主体，推动政企分开改革。部分省份构建了“省总公司—市分公司”的成熟体系，一些先进地区还通过建立大数据中心或专业公司，确立了政企分开的政务数据运营与收益机制。在全国范围内，数据交易机构正持续优化升级，不断创新服务模式和内容。各地数据要素市场的发展各具特色，相应的交易机构、运营体系和保障机制已初具规模。

6.2　数据要素化影响企业数据资产运营的分析

数据要素已经逐步渗透到各行各业的发展中，各类企业有必要通过完善数据收集、整理加工、交易等机制，进一步夯实数据管理基础，提升业务效率的内生需求和外生优势。

1. 数据资产成为企业经营管理活动的核心

数字化使企业的数据从无序到有序，从有序到富含意义，从资源到资产、资本。数据资产成为企业经营管理活动的核心，尤其是在将客户、岗位进行数据化后，业务的起点将是数据，管理工作的对象也是数据。大型企业内部数据体量虽大，但是维度有限，迫切需要不断拓展数据融合与数据生态的边界，建立一套平行于资金的“数据资产负债表”，以此来管理企业与客户之间的数据关系。从经营模式上看，以数据为中心可能会替代以客户为中心的思路，企业经营能力的衡量标准或转变为数据资产的应用管理能力。在企业资产端，数据资产价值将成为企业总资产价值的核心组成要素。未来企业资产将与数据深度挂钩，即数据成为企业资产的价值锚定对象，全面释放出企业海量数据资产的价值和红利。

2. 数据要素有序共享成为数据发展规划重点

在未来企业数字化转型中，数据资产运营能力将成为企业竞争力的一个重要方面，从数据资产运营到要素化和市场化的过程可能是企业发展的必经之路。企业总体发展思路应该以数据运营为理念，构建业务、科技、数据“三位一体”的数据资产治理与运营体系，进而确保数据资产管理的一体化。同时，企业须将数据视为重要的资产，并对其进行有效的利用和管理。

3. 基于数据要素流通融合重塑企业竞争格局

数据要素市场化后，由互联网企业定义的数据使用规则以及数据应用竞争格局有可能被打破，企业将获得更佳的发展机遇。企业应以数据要素流通新范式为契机，在依法合规、安全可控的前提下，主动探索与外部机构（如金融、电力、电信、海关、政务等）及其他行业（如互联网电商等）的数据流通和合作，探索跨域数据要素融合的业务场景，并把握国家政务数据公开趋势，加大对高质量、有价值的政务数据要素的创新应用和价值挖掘，在智能营销、风险管控等领域大胆创新，发挥数据要素的强大生产力。

6.3　数据要素化发展趋势下企业的数据管理工作建议

6.3.1　充分结合最新政策要求，完善企业数据要素管理与流通顶层设计

企业应基于前期数据管理体系建设的基础，进一步结合当前数字经济和数据要素政策要求，优化升级企业级数据规划和发展战略，加强数据要素管理及运营体系建设，深化数据要素应用。

（1）结合《“十四五”数字经济发展规划》对于“数据要素供给、数据要素市场化、数据要素开发利用机制”三方面要求，制定企业数据要素对应的“供给、流通、应用”三大环节全价值链管理运营方案。

（2）结合行业部委关于数字化转型的相关要求和指导意见，促进数据高价值运用。例如，金融行业《关于银行业保险业数字化转型的指导意见》对于“构建覆盖全生命周期的数据资产管理体系，优化数据架构，加强数据资产积累。建立企业级大数据平台，全面整合内外部数据，实现全域数据的统一管理、集中开发和融合共享”的要求，指导金融企业持续提高数据应用能力，激活数据要素潜能，加强对数据应用全流程的效果评价。

6.3.2 强化数据资产管理和数据融合创新应用，推进数据要素运营新范式建设

在前期对企业全域数据资产进行盘点的基础上，进一步推进“数据资源化、数据资产化、数据要素化、要素价值化”的运营闭环，完善数据要素相关的基础制度，明确数据资产登记、确权规则，建立数据要素化标准规范，加强数据融合创新应用。

1. 数据资源化

数据资源化是构筑数据要素价值链的起点。要推动业务的数字化进程，企业需要采集全渠道、全服务网点和经营活动各环节所产生的信息，并对其进行数字化处理，将其转化为可记录、可存储、可追踪和可使用的数据资源，使得海量且无序的原始数据能被组织成有序、有价值、标准化的数据资源。

2. 数据资产化

持续强化企业各类数据资产的登记与统一目录建设，以模型设计工具为抓手、以智能化技术为手段、以实时数据交互机制为通道，打通“查数—懂数—用数”的操作流程，降低数据资产应用的门槛。同时，应在数据资源盘点、确权并形成企业级数据资源目录的基础上，进一步对数据进行精细化管理，把数据资源落实至对单个数据项的粒度进行运营和管理，能够识别数据项的名称、业务定义或口径、对应存储的信息系统及库表字段、权威的系统数据来源、业务主管部门、数据使用部门等具体属性信息，并对数据项的全生命周期（从采集、存储、传输、加工、使用、归档、销毁等）进行管理，实现全链路的数据地图与精细化管理。

3. 数据要素化

推进数据要素与企业业务相结合，承认和保护数据要素各参与方的合法权益，建立合理界定数据要素各参与方的权利和义务体系，探索“谁投入、谁贡献、谁受益”的企业数据要素价值贡献参与分配方案。

4. 要素价值化

全面深化数据在业务经营、风险管理、内部控制中的应用，深度挖掘业务场景，通过加强数据要素应用来催生新产品、新业务和新模式。

6.3.3 积极研发数据产品和数据服务，开展数字经济下数据要素业态创新

企业应加快数据产品化、服务化，丰富数据产品和数据服务供给，推动数据产品数量增长，打造良好的数据价值化发展生态环境。

（1）企业应统筹布局建设跨部门和跨业务条线、有复用价值、在社会上有公共服务性质的数据产品与服务，融合数字经济场景应用特点，持续不断推出新的数据产品和数据服务。

（2）企业可整理外部数据产品方向以及合规要求，明确对外数据产品的评估、管控流程要求，建立标准化、满足合规要求的对外数据产品的管理和运营流程机制，实现数据产品对外发布。

（3）探索数字经济业态创新，例如，与金融领域结合，探索数据入股、数据信贷、数据信托和数据资产证券化等，将数据确权、定价、流通与其他服务融合，最大化发挥数据资产价值。

图 6–1 展示了通过研发和运营对数据产品进行赋能的过程。

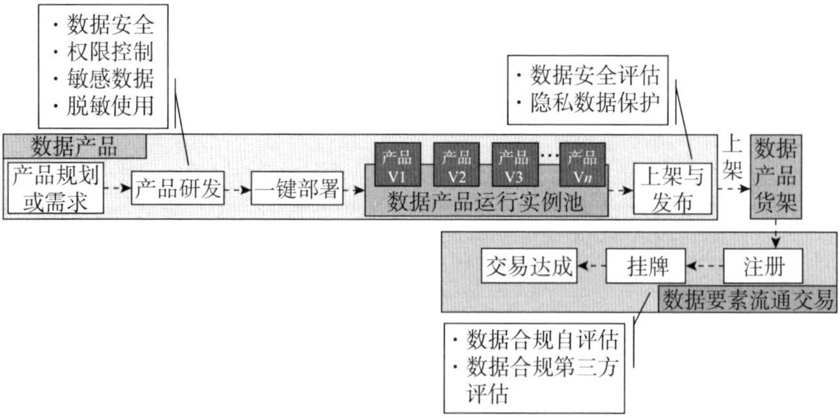

图 6–1 研发和运营赋能数据产品的过程

6.3.4　基于数据产权分置机制，建立企业数据知识产权保护体系

当前，我国已完成合规治理与安全监管领域的数据立法，健全数据要素权益保护制度将成为重任，对数据知识产权的保护也日益受到重视。对企业而言，应深刻理解“数据二十条”中对于数据要素登记的丰富内涵，认识到登记制度是相关财产权益制度建立的基础；应参考“数据二十条”中所提及的“数据资源持有权、数据加工使用权和数据产品经营权”等数据产权分置运行机制和数据知识产权相关政策要求，研究企业级数据产权登记新方式，建立健全全域数据登记机制，在登记确权过程中逐步攻克数据要素确权上的规范缺失、标准不一、技术支撑不完善等核心难点，逐步形成清晰的数据产权界定与完善的数据知识产权保护体系。

2022 年 3 月 31 日，北京市第十五届人大常委会通过了《北京市知识产权保护条例》，首次引入了专门针对数据和数字贸易知识产权保护的条款。该条例规定，知识产权保护管理部门和其他有关部门应当依法保护在数据收集、存储、使用、加工、传输、提供、公开等活动中形成的知识产权，并引导数据处理者建立全流程知识产权管理制度，强化知识产权保护意识。2022 年 11 月 17 日，国家知识产权局在其官方网站上发布了《国家知识产权局办公室关于确定数据知识产权工作试点地方的通知》，其中确定了北京市、上海市、深圳市等八个开展数据知识产权工作的试点地方，试点工作的期限为 2022 年 11 月至 2023 年 12 月。

企业要认识到数据知识产权是数据产权的一部分，应围绕数据要素建构全面的知识产权保护体系。数据知识产权的确立，一方面为数据要素相关参与方提供了必要的权利保护，另一方面也为数据在企业内的共享利用和企业外市场的流通交易提供了一套有序的规则指引。

在有效识别“数据资源持有权、数据加工使用权和数据产品经营权”的基础上，企业应制定各部门数据持有权、使用权等相关权利的合理分配方案，并建立相应的数据流通方案和运营机制，确保数据来源者享有获取或转移由其促成所产生数据的权利，保障数据处理者使用数据和获得收益的权利。

6.3.5 布局对接外部数据要素市场主体，全面融入国家数据要素市场

企业也可探索作为数据商或第三方专业服务机构，布局对接外部数据要素市场主体，全面融入国家数据要素市场，基于价值链理顺数据要素内部供应与外部流通全流程（见图 6–2）。

企业可基于“所商分离”原则，探索企业参与要素市场建设的两大路径：一是作为数据商参与数据要素市场建设，二是作为第三方专业服务机构参与数据要素市场建设。

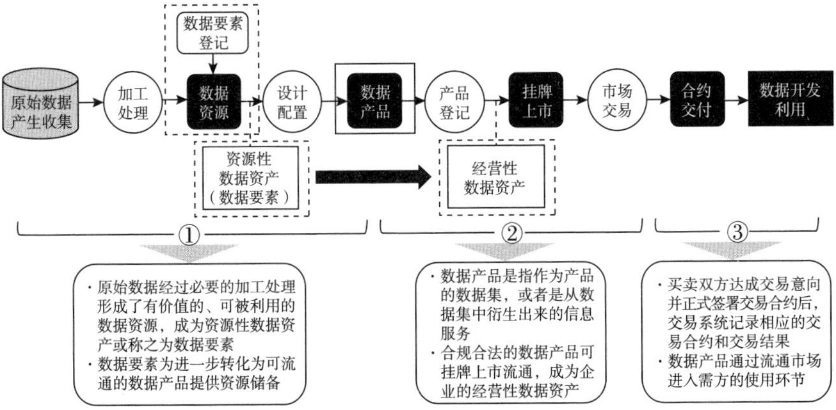

图 6–2　数据要素内部供应与外部流通全流程

1. 作为数据商

企业在交易所的授权下，可提供标准化数据产品和市场化专业服务，为数据交易双方提供数据产品开发、发布、承销以及数据资产的合规化、标准化、增值化服务，提高数据交易效率。具体体现为：

（1）协助数据生产者和提供方进行内部数据治理，在此基础上发掘数据资源价值，引导相关数据提供方入场，辅助数据产品上市，是数据要素价值的发现者。

（2）协助数据提供方将原始、分散、碎片化的数据加工转化为高质量、有价值、可流通交易、权属界定清晰的数据产品，是数据要素价值的赋能者。

（3）组织需求场景驱动的数据产品开发定制，也可以通过多种方式为数据产品发掘潜在需求方，并提供价格磋商、产品交付等服务，成为数据供需双方的联结者。

（4）在数字金融领域，组织建立贴近用户需求的行业性、场景化数据商联盟体系，推动数字经济和实体经济深度融合。

2. 作为第三方专业服务机构

在交易前，应对数据来源和主体的合规性、数据产品的质量以及数据资产的潜在价值进行评估和认证。这些评估和认证应以合规评估、质量评估和资产评估为基础，确保数据产品的可信度和可交易性。在交易中，提供数据集成、数据公证、数据保险、数据托管等服务，支撑全面的数据共享、交换及管理。在交易后，可通过数据风控等服务为数据流通交易提供保障等。

第 7 章

企业数据资源会计处理与数据资产入表

虽然数据资源的核算还处于初步探讨阶段，但其重要性已得到包括财政部在内的各相关方的广泛关注。利益相关方正在逐步探索数据资源的会计确认与计量问题，从而提高会计信息质量。监管部门也陆续出台了一系列相关处理办法。

2022 年 12 月 9 日，财政部制定印发了《企业数据资源相关会计处理暂行规定（征求意见稿）》（以下简称《征求意见稿》），提出企业应当按照企业会计准则相关规定，根据数据资源的持有目的、形成方式、业务模式，以及与数据资源有关的经济利益的预期消耗方式等，对数据资源相关交易和事项进行会计确认、计量和报告。将数据纳入生产要素，使其进入会计核算体系，有助于数据进行交易，加快发展数字经济。

2023 年 8 月 1 日，财政部制定印发了《企业数据资源相关会计处理暂行规定》（以下简称《暂行规定》），自 2024 年 1 月 1 日起施行。

相较于《征求意见稿》，《暂行规定》进一步体现了会计的谨慎性原则，删去了《征求意见稿》中“发挥数据要素价值”、《征求意见稿》起草说明中“合理反映数据要素价值”等表述，避免了“数据要素”这一经济学概念与会计学意义上“数据资源”（由“信息资源”衍生而来）的混淆，更加聚焦企业数据资源的会计处理过程。

在《征求意见稿》阶段，数据资产入表的业务模型主要集中在“数据交易双方如何进行会计处理”，采用“二分法”分为“企业内部使用的数据资源相关会计处理”和“企业对外交易的数据资源相关会计处理”。《暂行规定》修改了数据资产入表的业务模型，进一步细化了不同业务模式下的会计处理，根据企业使用、对外提供服务、日常持有以备出售等不同业务模式，明确相关会计处理适用的具体准则，并进一步明确了不满足资产确认条件而未予确认的数据资源的相关会计处理。

《暂行规定》增加了数据资源在企业资产负债表中的列示，进一步明确了“表内确认”要求：数据资源要基于既有会计科目进行“表内确认”。企业在编制资产负债表时，应当根据重要性原则并结合本企业的实际情况，在“存货”项目下增设“其中：数据资源”项目，反映资产负债表日确认为存货的数据资源的期末账面价值。在“无形资产”项目下增设“其中：数据资源”项目，反映资产负债表日确认为无形资产的数据资源的期末账面价值；在“开发支出”项目下增设“其中：数据资源”项目，反映资产负债表日正在进行数据资源研究开发项目满足资本化条件的支出金额。

《暂行规定》新增采取“强制披露加自愿披露”方式。对企业财务报表具有重要影响的数据资源相关信息进行强制披露，如数据资源无形资产使用寿命的估计情况及摊销方法、数据资源存货可变现净值的确定依据等。同时，对有利于增强企业财务报表可理解性的数据资源相关信息进行自愿披露，如数据资源的应用场景或业务模式、对企业创造价值的影响方式，与数据资源应用场景相关的宏观经济和行业领域前景等。

根据《暂行规定》，企业对可比期间的信息不予追溯调整，如在规定施行前已费用化计入当期损益的数据资源相关支出不再调整，即不应将前期已经费用化的数据资源重新资本化。

本章基于数据资源特征和分类，将其特点与会计理论中的资产确认与计量理论进行比较分析，从而对数据资源的计量问题进行研究，并对数据资源的会计计量问题提出一些有针对性、有价值的意见和建议，积极推动数据资源会计理论研究的完善。鉴于研究目的，本章以及第 9 章不受限于《暂行规定》及其约束范围。

7.1 数据资产计量属性

7.1.1 现行资产计量属性

会计计量的核心在于选择恰当的计量属性以及计量单位，美国财务会计准则委员会（Financial Accounting Standards Board，FASB）第 5 号财务会计概念公告《企业财务报表项目的确认和计量》提出了历史成本、重置成本、公允价值、可变现净值、未来现金流量现值五种计量属性，这五种计量属性的不同特点可归纳如表 7–1 所示。

从时间维度来看，历史成本所传递的是过去的信息，反映的是资产过去的价值，而其他计量属性所反映的是资产在当前或未来的价值。如今，我们已经跨入数字化时代，而在会计计量的主流模式和观念上，还依赖传统的历史成本计量属性，体现的是过去投入的价值，这与数字化时代难以适应。虽然历史成本是相对容易获得的、可以验证的，成了长

表 7–1 不同计量属性的特点

计量属性	时间	交换价值的类型	可靠性	相关性
历史成本	过去	投入	强	弱
重置成本	现在	投入		
公允价值	现在	产出	↓	↓
可变现净值	未来	产出		
未来现金流量现值	未来	产出	弱	强

期以来通行的主流计量属性，但随着会计计量对象的多样性增加，特殊性凸显，经济环境也发生了显著变化，尤其是前文所讨论的数据资源，它的历史成本往往是无法直接获得的，此时历史成本计量属性就呈现出明显的局限性。

伴随着会计环境的变化、对信息质量要求的提升，历史成本这一属性越来越受到考验，而其他几种计量属性越来越得到重视。尤其是随着我国逐步向国际会计准则趋同，公允价值计量属性冲破了以往的限制，渐渐深入到会计实务中得以广泛应用。

在实务应用中，对会计计量属性的选择并非单一且排他的。特别是在近些年经济市场趋向稳健运行的背景下，企业可以以历史成本属性为基础，针对特殊的市场环境，兼容采用其他几种不同的计量属性，以更好地适应经济发展的需求。

7.1.2　影响数据资产计量属性选择的因素

参考传统的资产计量属性选择中可能产生影响的因素，并将数据资产不同于传统资产的独特性纳入考虑，在选择数据资产的计量属性时，应关注以下几个因素。

1. 构建恰当的理论基础

在会计计量属性的选择过程中，由于理论基础的差异，会呈现不同的选择倾向。在事实性理论基础上，会计主体在某一会计期间的真实经营成果更为重要，选择历史成本法更有助于客观反映这一结果；而目的性理论基础更加注重会计信息使用者的需求，主观性较强。所需提供信息的不同会导致在计量属性选择上的差别，因此在选择数据资产的计量属性时，应首先构建一个恰当的理论基础。根据决策有用性目标，参考目的性理论基础，考虑数据资产信息使用者的需求，以满足会计目标，提升决策的有用性。

2. 适应市场经济发展水平

市场经济发展水平也会对数据资产的计量属性选择产生一定影响，假如数据资产的市场化程度不高，那么对公允价值计量属性就会有一定的限制作用，因为公允价值不是某一方的主观认知与判断，而是依赖市场参与者所达成的共识，它是在有序交易的市场状态下产生的，需要在计量日前一段时间内，数据资产的交易呈现出有规律可循的状态。就目前来看，甲方数据资产的交易市场显然不够活跃，还无法达到这一水准，限制了使用公允价值计量的方法。

3. 考虑数据资产的特点

相较于传统意义上的资产，数据资产具有显著的特点，这些特点对其计量属性的选择也会产生一定的影响。第一，数据资产具有增值性。数据资产在初期投入较大，但伴随着技术的进步、市场的发展，后期的经济利益流入可能会远远超出投入价值，将该特性纳入考虑后所获取的计量信息才是有效的、真实的。第二，数据资产具有价值波动性。数据有着强烈的时效性，这导致数据资产在不同时点的价值会产生较大幅度的波动，且有的数据资产可以多次使用，需要实时关注数据资产的价值变化，对其账面金额进行适当的调整，以保证会计信息的真实性、可靠性。

7.1.3 数据资产计量属性选择分析

对于数据资产的会计计量，可以从两种角度进行分析，一种是投入价值角度，另一种是产出价值角度。历史成本和重置成本计量属性即是从投入价值的角度来衡量，这两者都是以成本作为计价的基础，往往用于有形资产的计量。投入价值的角度通常比较客观、较容易验证、可靠性较强，但无法依此进行动态计量，无法反映资产价值的变化性，只能度量交易的某一部分。其他三种计量属性则是从产出价值的角度来衡量，充分体现资产在未来期间会产生经济利益流入的特点。相较而言，产出价值的角度更看重资产在未来期间的产出，可以说一定程度上弥补了投入价值角度的不足；但也存在一些缺点，如可靠性不足、易高估资产价值等。

第一，从投入价值角度来看，数据资产不同于传统资产，它在一定程度上具有无形资产的某些特点，同时又具备实物资产的某些特点，例如，数据资产在形成、使用、存储时均有可能需要大量人力、财力的投入，一方面数据资产的计量无法忽略其历史成本，另一方面随着其投入的增多和价值的变动可能无法仅依靠历史成本计量。因此，根据数据资产的不同特性，甲方数据资产一般是由企业自身产生和存储，有获利能力，但不容易对其以货币进行量化。基于稳健性及可靠性原则，可采用历史成本属性对甲方数据资产进行初始计量；考虑到会计信息质量要求的相关性、及时性，可在期末对数据资产的价值进行评估并披露。

第二，从产出价值角度来看，将数据确认为资产必备的一个重要条件是预期能给企业带来现金流入。如果采用未来现金流量现值来对其进行计量，便可以恰当地反映出这项资产在未来期间所能产生的现金流入，以此来衡量数据资产的价值，充分体现数据资产的盈利能力以及实际价值预期，并体现出前文所述的数据资产的“增值性”特点。从理论层面考虑，未来现金流量现值属性是比较合适的数据资产的计量属性，但若同时考虑经济市场环境因素，目前数据资产仍属于一种特殊的新资产，其预期的收益可能难以确定，经济价值难以在短期内准确地用货币价值进行反映，因此未来现金流量现值属性暂时还无法恰当地在实际中得以应用。预计未来数据资产的交易普及之后，采用未来现金流量现值来进行计量的条件也会更加成熟。

公允价值计量属性也可体现数据资产的“增值性”特点，以公允价值来计量需要市场上有类似交易存在，可获取较为详细的交易信息。现在已经出现了一些比较权威的大数据交易平台，如贵阳大数据交易所，如果在各数据交易所市场中有同类或相似的数据资产交易实例，即可视为该项数据资产有公开报价，并作为其公允价值进行计量。大数据时代数据资产的种类在交易市场上会越来越丰富，公允价值计量模式将在短期内实现普遍适用。尤其是乙方数据资产中购买后直接使用的类型，一般通过外购方式取得，在市场上的交易活跃程度较高，容易获取公开报价，可按照公允价值属性对其进行计量。即便暂时无法获取公开报价，也可采用数据资产评估的方法获取公允价值，或者按照获取该项数据资产时的对价来确认金额。

7.2 数据资产的初始计量问题

基于以上对数据资产计量属性选择的分析，不同种类的数据资产对计量属性的要求不同，以下将分别对甲方数据资产和乙方数据资产的初始计量进行分析。

7.2.1　甲方数据资产的初始计量

1. 甲方数据资产的一般形成过程

企业在甲方数据资产的获取过程中，通过投入大量人力、物力等资源来搜集数据、整理分析、研究开发，最终使数据产生价值。这一过程需要较高的技术要求，且耗费较大，和无形资产的形成过程有着相似之处，因此可以部分参考无形资产的初始计量模式。根据《暂行规定》，企业应当按照无形资产准则、《〈企业会计准则第 6 号——无形资产〉应用指南》（财会〔2006〕18 号）等规定，对确认为无形资产的数据资源进行初始计量、后续计量、处置和报废等相关会计处理。

2. 甲方数据资产的研发阶段划分

在关于无形资产研发的初始计量的规定中，因为研发活动存在风险及收益的不确定性，所以将这一过程进行区分，包括研究阶段和开发阶段。研究阶段的支出应当一律计入当期损益，开发阶段符合一定条件的支出可进行资本化处理，作为无形资产的成本入账。

当前大数据的获取、处理等相关技术丰富多变，但从整体上来看，大多数甲方数据资产的形成过程可分为四个环节：数据采集、导入及预处理、统计分析、数据挖掘。虽然大数据可产生的总价值很高，但现阶段其价值密度普遍较低，数据资产的挖掘过程也存在着风险和收益的不确定性，有可能出现数据资产所形成的收益的增长不足以弥补搭建大数据研究开发团队或平台所投入的价值。出于稳健性原则，可以将甲方数据资产的研发费用区分为研究费用及开发费用，将过程中发生的研发人员工资、设备折旧等相关费用分别确认为资本化支出和费用化支出，对于其中不能进行区分的部分进行费用化处理，并计入当期损益。

由于数据资产在研发过程中具有较高的复杂性，要将其研发过程严格区分为研究阶段及开发阶段并不容易。基于上文所提到的甲方数据资产的一般形成过程，数据采集、导入及预处理尚处于初期的收集整理阶段，不确定性较大，风险也比较高，所以可以将这两个环节中所产生的支出进行费用化处理，计入当期损益。而统计分析、数据挖掘是在完成整理与预处理之后进行的，已能较为确定可以挖掘产生有价值的信息，为企业带来经济利益流入的确定性比较强，所以对于这两个环节中产生的支出，可以将满足资本化条件的部分计入数据资产的成本，作资本化处理。

3. 甲方数据资产初始计量的会计处理

甲方数据资产可按历史成本计量属性进行初始计量，其成本包括该项数据资产在开发阶段即统计分析、数据挖掘过程中所花费的人工成本、专用设备折旧、开发时使用其他专利权的摊销等，包括在可进行资本化处理之后到该项数据资产达到预定可使用状态前所发生的支出的总和。

首先明确区分研究阶段和开发阶段的支出，然后通过分析确认应归属于资本化支出的部分，会计分录处理如下。

借：数据资源研发支出——费用化支出

——资本化支出

贷：银行存款

应付职工薪酬等

在会计期末，将研发支出中费用化处理的部分转到期间费用，会计分录处理如下：

借：管理费用

贷：数据资源研发支出——费用化支出

在数据资产已形成并达到了预定可使用的状态时，会计分录处理如下：

借：无形资产——数据资源——成本

贷：数据资源研发支出——资本化支出

7.2.2　乙方数据资产的初始计量

由于乙方数据资产可能存在不同的使用方式，以下分别对两种不同类型的乙方数据资产的初始计量进行讨论。

1. 大数据交易所购入后直接使用

当前已经出现一批大数据交易平台，如贵阳大数据交易所、上海数据交易中心、聚合数据、数据堂等，其主要业务是提供大数据的交易服务，为数据的拥有者和需求者搭建交易的平台，并对数据进行定价以及交易结算。贵阳大数据交易所在运营模式和制度规范上有一定的先进性，其出售的是在源数据的基础上，通过清洗、分析、建模形成的可视化的数据资源，买方购入数据资产后可以直接投入使用。购买取得后可直接使用的乙方数据资产在交易市场中容易获取公开报价，可以找到同类或相似的数据资产交易实例，按照公允价值计量属性来对其进行初始计量。

此类数据资产的采购成本包括购买价款、相关税费，以及直接归属于使该项数据资产达到预定用途所发生的数据标注、整合、分析、可视化等加工过程所发生的有关支出等，会计分录处理如下：

借：无形资产——数据资源——成本（购买价款和相关税费等之和）

　贷：银行存款

　　　应付职工薪酬等

使该项数据资产达到预定用途前产生的相关支出以及相关税费计入数据资产成本，会计分录处理如下：

借：无形资产——数据资源——成本

　贷：银行存款

　　　应付职工薪酬等

2. 购买后需加工使用

除了从大数据交易平台购买后直接使用的乙方数据资产，还有一种情况是购买加工后再进行使用，比如数据服务商先从其他方购入源数据，然后经过数据清洗、挖掘加工后使用。

在取得数据时，应先将实际支付的价款、使该项数据资产达到预定用途前产生的相关支出以及相关税费计入数据资产的成本。之后的加工及研发过程，可参考甲方数据资产的初始计量分为研究阶段和开发阶段。具体会计分录参考上文相应部分。

7.3　数据资产的后续计量问题

数据资产的后续计量是在该项数据资产使用期间发生的会计事项和内容，包括数据资产的后续支出、摊销、减值和处置。

7.3.1　数据资产的后续支出

随着信息技术的更新和时间的推移，新数据会源源不断产生，如果不及时更新并持续投入，数据资产的价值和使用寿命均会受到较大的影响。

数据资产的后续支出可分为技术性支出和非技术性支出。其中技术性支出是指在数据处理技术更新、数据采集以及处理挖掘等可以形成数据资产的新价值这些方面的支出，应对其中符合资本化条件的进行资本化处理，增加数据资产的价值。会计处理分录如下：

借：无形资产——数据资源

　贷：银行存款

　　　应付职工薪酬等

非技术性支出来自物理上的更新投入，这种投入不会给数据资产带来功能性的改变，如对数据资产的维护、存储等，应当进行费用化处理，将这一类支出计入当期损益。会计处理分录如下：

借：管理费用

　贷：银行存款

　　　应付职工薪酬等

7.3.2 数据资产的摊销

1. 预计使用寿命的估计

作为一种新兴的资产，数据资产的具体摊销年限如何确定，当前尚无公认的方法。对于不同数据资产的有效使用年限，需要综合考虑多种因素，才能做出比较准确且符合实际的估计。由于大数据有不断更新的特点，数据市场的活动、企业内外部的数据环境、经济环境的变化都会对数据的使用期限产生影响，有的历史数据甚至可能失去价值，无法提供决策参考，因此数据资产的使用寿命通常是有期限的。

数据资产使用期限的估计存在一定难度，且主观性较强，需要综合参考相关影响因素来进行预估。应当考虑无形资产准则应用指南规定的因素，并重点关注数据资源相关业务模式、权利限制、数据时效性、有关产品或技术迭代等因素。

2. 摊销的方式

数据资产的价值短期内可以在多个会计期间重复使用，其价值也可以随着一次次的应用而转移到经营成果中去。在对数据资产的使用期限合理估计的基础上，需要在预计期限内对数据资产的价值进行摊销。加速摊销法比直线法更符合数据资产的特征。首先，数据资产的更迭非常快，但随着新数据的更迭以及外部环境的改变，某一个时点的数据所能带来的经济价值会随着时间的推移逐渐减少；其次，数据的更新、技术的革新是一种不可阻挡的趋势，采用加速法在前期将较大额度的金额摊销后，其剩余成本较小，风险也更小。

摊销额根据数据资产的用途计入不同科目。自用时计入管理费用；出租时计入其他业务成本；专门用于对客户提供服务时，计入主营业务成本，会计处理分录如下：

借：管理费用 / 其他业务成本 / 主营业务成本等

　贷：累计摊销——数据资源

7.3.3　数据资产的减值

相比于传统的资产，数据资产由于其更新性、时效性，更容易产生价值的变动，随着时间的流逝可能会产生较大程度的贬值。对数据资产计提减值准备符合会计的决策有用观，可以向信息使用者提供决策相关的真实财务信息，满足会计信息质量要求。企业应在每个会计期末对数据资产进行减值测试，若其实际价值低于账面价值，应对数据资产计提相应的减值准备。会计处理分录如下：

借：资产减值损失

　贷：数据资源减值准备

7.3.4 数据资产的处置

数据资产的处置是指当一项数据资产已经确定无法为企业带来经济利益流入时，即已经不符合数据资产的定义，应对其进行终止处置，转销其账面价值并计入当期损益。

1. 数据资产终止确认

数据资产报废或转销时，会计处理分录如下：

借：累计摊销

　　数据资源减值准备

　　营业外支出（差额）

　贷：无形资产——数据资源

2. 数据资产出售

企业出售数据资产时，应将售价与该项资产账面价值的差额作为资产处置利得或损失，计入当期损益，会计处理分录如下：

借：银行存款（收到的交易价款）

　　累计摊销

　　数据资源减值准备

　　营业外支出（借差）

　贷：无形资产——数据资源

　　　营业外收入（贷差）

第 8 章

案例：数据要素型企业价值评估

当前，会计界对数据资产是否应该入账、如何入账的问题尚未得出一致结论，但在数据资产的评估领域已有了一定的研究与成果。本章主要通过所提供的关于数据要素型企业价值评估的案例，介绍如何利用蒙特卡洛模拟降低预测中的不确定性，采用收益法对金融数据服务型企业价值进行评估。

本章首先介绍了数据资产和金融数据服务型企业的发展现状，并对金融数据服务型企业的收入构成和不确定性进行分析，为后续评估工作奠定基础。接着介绍了传统企业自由现金流量模型（FCFF 模型）的基本含义，包括永续模型和两阶段增长模型，并对方法的实用性进行分析，最终选定收益法作为评估方法。然后引入蒙特卡洛模拟方法并进行详细论述，构建基于蒙特卡洛模拟的 FCFF 模型的评估思路，对折现率和自由现金流量估计中的不确定性参数做了说明，重点阐述企业的未来收入增长率和 β 值估计。在计量企业营业收入增长率的计量过程中，对企业各收入渠道逐一分析，先分析其渠道收入占比的历史及未来增长情况，再根据数据特点，运用 SPSS 统计软件预测其可能的分布形态，进而计量加权平均增长率。最后，对改进的 FCFF 模型展开适用性分析，得出相应的结论并提出建议。

8.1 数据资产和金融数据服务型企业的发展现状分析

当前，大数据服务蓬勃发展，大数据、云数据、机器学习等概念不仅进入国家战略、政策导向层面，也越来越融入人们的日常生活。麦肯锡于 2013 年提出了“大数据”的概念。我国于 2015 年在贵阳启动国家级超大云数据中心项目，同年大数据产业完成顶层设计，升级为国家战略。2016 年，各个地方政府、行业协会开始陆续出台相应的地方政策和行业政策。依托国家战略和地方扶持，目前的大数据产业生机盎然，如江苏、安徽等地都建设了基础的大数据产业园。

2021 年 9 月发布的《“十四五”时期资产评估行业发展规划》明确要服务数据产权交易，推动数据资产评估的蓬勃发展，推动国家数字经济建设。数据服务已深入到大众生活的方方面面，从服务阶段看，有原始数据出售、数据挖掘、数据分析、数据应用及服务解决方案提供等；从服务领域看，包括餐饮、物流、旅游、金融服务、电子商务、医疗、养老等领域都有涉及。数据作为一种生产要素，参与价值分配的红利释放期即将到来。

“数据产业”这一热门词汇，实际上包含贯穿数据产生直至价值变现的整个流程，常规的包括数据采集、存储、传输、治理、分析、挖掘、估值、定价、交易等数据的全生命周期。也就是说，数据产业的影响力已经渗透到大众生活的各方面。这里所探讨的金融数据服务业，不仅与数据产业息息相关，也依托于金融产业。金融产业始终保持较高景气度，机构投资者和个人投资者都加大了对 IT 服务的投入，推动金融数据服务业景气度持续攀升。

如图 8–1 所示，根据智研咨询所出具的报告，互联网金融信息服务规模在 2012—2021 年间不断增长，2021 年已经超过 400 亿元，同比增速在 2013—2017 年间较快，均超过 40%。金融数据服务行业属于互联网、金融、数据产业化的交叉行业，技术的发展、金融业的发展、对数据重视度的凸显使得金融数据服务业成为极具前景的一个行业。

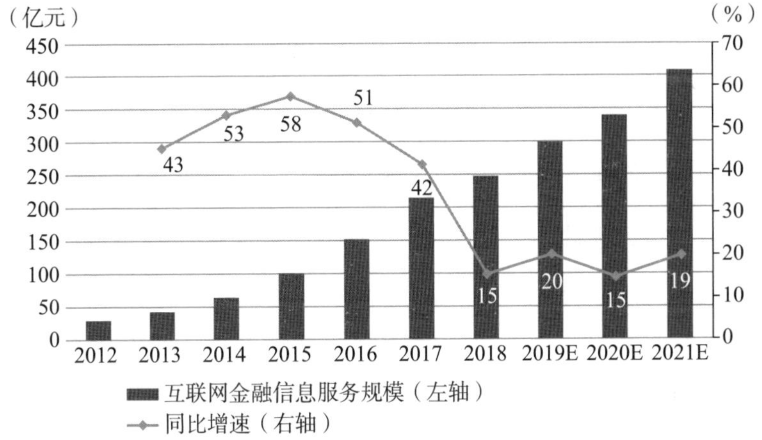

图 8–1　2012—2021 年互联网金融信息服务规模及同比增速

当前数据资产的评估主要关注将数据资产价值从无形资产中剥离出来。企业价值评估的收益法中，超额收益由单期超额收益和多期超额收益组成，一般采用多期超额收益来评估数据资产的价值。在评估过程中，我们可借鉴高新技术类型的企业价值评估。目前在对金融数据服务型企业进行价值评估时，已有的公开案例说明收益法是较为合适的评价方法，并且对这种类型的企业特点也有了一定的总结。然而，对于其盈利规模、期限的预测及折现率的估计仍存在一定的困难，这不仅需要考虑数据当前的价值，还需要考虑在数据不断积累过程中增值带来的潜在收益。有相关的文献引入了期权评估的思想。在折现率的确定中，该类型的企业较新且资本结构变动的可能性较大，其资本化率的确定可以考虑运用动态和静态资本化率相结合的方式。

在企业资产价值的评定过程中，如果存在亏损的情况，也应当对其税盾的实际价值进行考虑。关于企业价值评估，自由现金流的预测结果会影响企业估值的有效性和准确度，同时也要考虑新增资本再投资收益率与预计期年末的再投资收益率之间的关系，以确定采用哪种折现模型。现有文献对预期现金流的研究更多地聚焦于结合统计学方法或计量方法，根据主流市场的评价对象，研究如何提升模型预测的准确度；而鲜少针对金融数据服务型企业这类特殊企业进行评估。本章旨在结合未来的发展趋势，抓住其业务特点与企业特性，探讨适合金融数据服务型企业的预测方法。

8.2 金融数据服务型企业收入构成和不确定性分析

在当前背景下，金融数据服务型企业规模不断扩大，但是相关的企业收入构成有所差异，其不确定性也不尽相同。基于差异性与不确定性，首先对金融数据服务型企业的收入构成和不确定性进行分析，获得对未来现金流预测的相关收入数据。

8.2.1　金融数据服务型企业收入构成

当前从事金融数据服务的上市公司中较为知名的包括东方财富、润和软件、大智慧、长亮科技和同花顺等。

根据 2021 年年中报告披露的信息，东方财富的收入中，证券业务占比 55.76%，金融电子商务服务占比 41.47%，金融数据服务仅占比 2.12%；润和软件的收入中，47.79% 来自软件开发，46.38% 来自金融信息化；长亮科技的收入中，47.47% 来自提供金融核心类解决方案，35.14% 来自提供大数据类解决方案，9.36% 来自提供全面价值管理解决方案，7.76% 来自以产品与解决方案为基础的创新型技术服务；同花顺的收入中，58.78% 来自增值电信业务，34.46% 来自基金代销业务及其他，6.76% 来自网上行情交易系统。对金融数据服务型企业收入构成进行分析，其主要收入来源如图 8–2 所示。

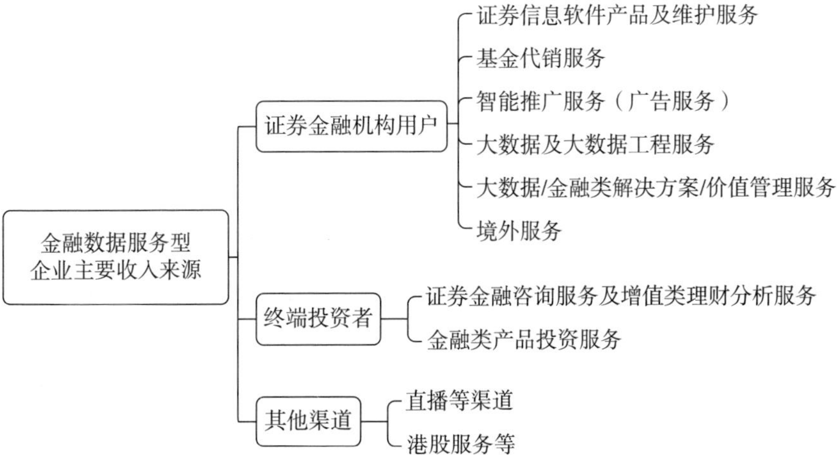

图 8–2　金融数据服务型企业主要收入来源

8.2.2 金融数据服务型企业收入不确定性分析

金融数据服务型企业收入的不确定性主要来源于以下几点：

（1）与金融行业景气度的强相关性。这种强相关性与宏观经济周期、二级市场火热程度、资产配置观念的变化与流行趋势、宏观金融政策等密切相关。

（2）互联网技术的发展对于行业壁垒、竞争格局、赛道细分的影响。金融数据服务行业依托于互联网技术，互联网与金融证券市场共同影响金融数据服务行业的未来发展。

（3）公司战略布局及发展的不确定性。

（4）日趋激烈的行业竞争风险。虽然目前金融数据服务市场集中度不高，未来激烈的竞争环境或使企业的行业地位和收入水平发生变化。

（5）法律法规和许可证的风险。金融数据服务行业的准入门槛较高，政策相关性强；同时该行业较为敏感，受到较多法律法规的限制和影响。

对金融数据服务型企业的收入构成和不确定性加以分析后，我们了解到不同公司有不同的收入构成，其不确定性受到行业景气度、技术壁垒和法律等因素的影响，这为后续的深入研究奠定了基础。接下来对相关的评估方法做出说明。

8.3　FCFF 模型的基本含义

传统评估方法包括三大基本评估方法，市场法、收益法和成本法。而公司自由现金流（free cash flow for the firm，FCFF）模型是收益法中的重要模型之一，也是目前被广泛应用于企业价值评估的模型。FCFF 模型运用基础的财务报表数据，结合财务观点，构建了永续增长模型和两阶段增长模型。

FCFF 模型的基本假设如下：

（1）企业未来的资本结构相对比较稳定，经营范围也不会发生剧烈变动。

（2）企业的所得税不会发生变动。

（3）企业未来的收益和所承担的风险是可以可靠计量的。

（4）企业处于完全有效市场，股东愿意承担系统性风险。

8.3.1　FCFF 永续增长模型

FCFF 永续增长模型假设企业在未来可以保持相对稳定的状态永续经营，企业可以保持相对固定的增长率获取稳定的现金流。但是实际情况中，在市场需求、商业环境、经济大势、技术革新等多重因素影响下，这种永续经营的企业非常少，因此我们一般不能假设企业会永续经营。

永续增长模型的基本公式如下：

$$V=\frac{FCFF_0\times(1+g)}{WACC-g}$$

式中，V 表示企业的整体价值；$FCFF_0$ 表示当前的企业自由现金流量；g 表示企业未来的稳定增长率；$WACC$ 表示企业的加权平均资本成本。

$WACC$ 作为企业的加权平均资本成本，是考虑企业的资本结构的情况下将企业的股权资本成本、债务资本成本进行加权平均。其中所采用的资本价值可以是账面价值，也可以是当前的市场价值。

$$WACC=\frac{D}{D+E}\times R_D\times(1-T)+\frac{E}{D+E}\times R_E$$

式中，D 表示债务资本价值；E 表示股权资本价值；$\frac{D}{D+E}$ 表示付息债务占付息债务资本与权益资本总和的比例；$\frac{E}{D+E}$ 表示股权资本占付息债务资本与权益资本总和的比例；R_E 表示股权资本成本；R_D 表示债务资本成本；T 表示企业所适用的所得税税率。

8.3.2 FCFF 两阶段增长模型

FCFF 两阶段增长模型将企业的经营根据实际情况分为高速增长期和稳定增长期。在第一阶段即高速增长期，因其处于初创阶段或阶段性不稳定，增长率的变化缺乏规律性，其每年的具体增长率需要根据具体情况进行具体分析，因此需要做单独预测。在第二阶段，公司经营进入稳定阶段，增长率变为较低的稳定增长率。

两阶段增长模型的基本公式是：

$$V=\sum_{t=1}^{n}\frac{FCFF_t}{(1+WACC)^t}+\frac{FCFF_{n+1}}{(WACC-g)\times(1+WACC)^n}$$

式中，V 表示企业的整体价值；g 表示企业未来的稳定增长率；$WACC$ 表示企业的加权平均资本成本；$FCFF_t$ 表示第 t 年的自由现金流量；$FCFF_{n+1}$ 表示第 $n+1$ 年的自由现金流量。

在本节中，我们介绍了 FCFF 的两种具体评估方法，无论是永续增长模型还是两阶段增长模型，都需要满足一定的假设条件才能使用。但是金融数据服务型企业收入的不确定性导致评估参数的选择存在很大不确定性，因此我们有必要使用一定的科学方法对相关参数进行分析、选择和预测。

8.4　基于蒙特卡洛模拟的 FCFF 模型构建思路

本节主要解决相关评估参数的不确定性问题。在本节的分析中，主要对 FCFF 模型进行改造，在关键参数方面，结合行业特征和评估对象的历史数据及未来战略等方面进行具体分析。为提高预测的准确性，降低预测过程中的不确定性，本节在参数确定方面引入了蒙特卡洛模拟。

蒙特卡洛模拟是一种基于统计学的数字实验求解方法，在大量实验后对预测变量的分布进行拟合，最终得到预测结果。这种方法特别适合存在较高风险的项目，在大量的计算机模拟中降低不确定性，得到相对客观的预测。在利用蒙特卡洛模拟进行预测的过程中，首先构建拟求解目标与有关变量之间的函数，对变量的概率分布、期望、方差、标准差等进行估计，最后得出所求解的近似估计值。

蒙特卡洛模拟的应用对象可以是确定性问题，也可以是随机性问题。确定性问题在我们的日常生活中比较常见，其应用对数学的要求较高，如解决多重积分、矩阵、代数问题等；随机性问题的应用领域有物理学的原子核结构问题、运筹学问题等。在相关文献中，也有记载其在评估问题中的应用：针对矿业项目的评估、房地产投资风险的计量、财务投资的分析等，应用广泛且可行。

蒙特卡洛模拟的优势在于能够降低不确定性，其提供一个可能结果的区间，而不是提供单一的点估计，这样能够为预测提供更为完整、全面的信息。尤其在资产评估中，资产的价值往往很难用单一确定值去描述，一个价值置信区间或能更好地满足评估价值发现的要求。分析视角多元、度量准确、动态模拟、适应性强等都是蒙特卡洛模拟的特点和优势，但是也需要注意，每一个变量分布的参数调整都有可能造成拟求解的近似估计值的较大变化，从而导致结果的不一致。实际应用中不乏因数据量不充足导致难以形成有效统计结果的案例。另外，根据历史经验主观的预设前提也会造成不准确的问题。

总之，尽管蒙特卡洛模拟存在一定的不准确性，但是相较于其他参数预测方法而言，蒙特卡洛模拟在降低不确定性方面存在一定的优势，能够为我们提供一个可能结果的范围，能更好地体现评估价值发现的功能。

介绍了参数的预测方法后，接下来对折现率估计中的不确定性参数进行分析。

8.4.1　折现率估计中的不确定性参数

折现率的内涵是在考虑企业的各种风险和货币的时间价值后，权益人所要求的投资回报率，是企业为了使用股东和债权人的资金所付出的代价。我们经常说的资本化率、折现率、还原利率在本质上都是相同的，其衡量包含系统性风险和异质性风险溢价，或者说包含无风险报酬率和风险报酬率。

折现率的确定方式主要有：（1）资本资产定价模型，即 CAPM 模型；（2）套利定价模型，即 APT 模型；（3）加权平均资本成本，即 WACC 模型；（4）风险累加法。

本节的折现率确定模型选取 WACC 模型，公式如下：

$$WACC=\frac{D}{D+E}\times R_D\times(1-T)+\frac{E}{D+E}\times R_E$$

其中，股权资本成本采用 CAPM 模型来确定，公式如下：

$$R_E=R_f+\beta(R_m-R_f)$$

式中，R_f 为无风险报酬率；β 为系统性风险系数；R_m 为市场预期回报率；R_m-R_f 为市场风险溢价。

这里的折现率是复利，因此在采用长期国债收益率（单利）时，应当对其进行修正。

$$R_f=\sqrt[n]{1+N\times i}-1$$

式中，N 表示长期国债的期限；i 表示国债的单利票面利率。

在折现率的确定中，在评估时点，可视无风险报酬率为确定性参数，一般选取五年期的长期国债收益率。T 为企业长期适用的企业所得税，也可视为确定性参数。因为金融数据服务行业属于强 β 型行业，目

标企业的 β 系数是不确定性变量，可基于评估时点前一年的众多历史 β 系数数据，运用统计软件模拟其概率分布。最后，结合金融数据服务行业的特点和评估对象的历史数据和未来战略，确定其资本结构的最可能值。

8.4.2 自由现金流量估计中的不确定参数

自由现金流量有企业自由现金流量和股权自由现金流量之分。根据评估对象的不同，需要使用不同口径的现金流量和折现率互相适配。本节的评估对象是企业的整体价值，企业的整体价值包括企业的股权价值和债权价值，因而此处我们关注企业自由现金流量。

企业自由现金流量的基本公式为：

$$FCFF = \text{息税前利润} + \text{折旧} - \text{所得税} - \text{资本性支出} - \Delta\text{营运资本增加值}$$

$$\text{息税前利润} = \text{营业利润} + \text{财务费用} + \text{营业外收入} - \text{营业外支出}$$

$$\text{营业利润} = \text{营业收入} - \text{营业成本} - \text{营业税金及附加} - \text{销售费用} - \text{管理费用} - \text{财务费用} - \text{研发费用} - \text{资产减值损失} + \text{公允价值变动净收益} + \text{投资净收益}$$

评估对象每年的 $FCFF$ 预测的准确度主要取决于其未来的增长率。第一阶段高速增长期的增长率和第二阶段平稳期的增长率是预测的重点。本节的预测部分将针对不同收入渠道进行分类预测，结合历史数据、市场环境、公司的发展战略、行业的发展趋势等要素和统计分析工具对营业收入增长率、营业成本增长率进行分析，采用蒙特卡洛模拟得出最有可能的目标企业价值。具体来说，同花顺的营业收入按渠道分为增值电信服务、网上行情交易系统服务、基金代销服务、其他业务四个部分，因为公司战略和市场环境的变化，每个细分收入渠道的发展变化较大且未来某些渠道将逐步降低或提升其占比，因此对每个渠道的收入增长率都应当进行单独分析。在资本成本的测算中，因为该行业与 A 股市场的强相关性，也要着重考虑其 β 系数的变化情况。

本节我们介绍了蒙特卡洛模拟，对折现率和自由现金流量估计中的不确定性参数进行了预测，接下来针对改进后的 FCFF 模型的适用性进行分析。

8.5 改进后的 FCFF 模型的适用性分析

改进后的 FCFF 模型更加贴合金融数据服务型企业及其资产的特点，适合金融数据服务型企业价值评估。金融数据服务型企业属于轻资产型企业，根据证监会于 2017 年发布的《会计监管风险提示第 7 号——轻资产类公司收益法评估》，资产增值率较大、预期收益增长较快的企业，特别是影视、游戏、通信、广告行业，适合收益法。

金融数据服务型企业拥有大量的无形资产，无形资产的特性是无实体性、收益性、不确定性；而金融数据服务型企业的大量数据增值服务的无形资产又具有共享性、冗余性、时效性、无消耗性、再生增值性、多样性。针对这类企业进行价值评估时，必须考量其企业及资产的特性。

基于金融数据服务型企业的特点，对改进后的 FCFF 模型选择收益法的适用性进行分析。金融数据服务型企业目前上市可比企业较少，且各个企业之间的差别很大。服务对象有的侧重于客户端，有的侧重于企业端；业务类型有的侧重于增值服务，有的侧重于基金代销；业务收入结构的差距很大，因此采用市场法进行比较的适用性不强。不使用成本法（资产基础法）的原因在于，金融数据服务型企业属于轻资产型企业，其资产不能客观反映其未来价值。数据成本的可靠计量尚存在很多的难点，数据资产的产生过程是不断积累的过程，其成本也不能完全反映其价值。数据如果利用得当，其产生的价值规模将远远超出其实际成本，因此数据的累积增值性、高利润率、高净资产收益率使其也不适合使用成本法。

FCFF 模型适用于企业价值依靠未来收入，且现金流可预测的企业。我们进一步将蒙特卡洛模拟引入 FCFF 模型中，尝试降低高风险企业的估值风险。蒙特卡洛模拟的优势在于能够降低不确定性的影响，而金融数据服务型企业的风险极高，例如行业需求减少的风险、行业竞争日趋激烈的风险、证券交易信息的许可经营风险、互联网系统及数据安全风险、知识产权风险、政策法规的合规风险等。针对这些高度不确定性的问题，引入蒙特卡洛模拟是一种有效的途径。

8.6 小　结

随着大数据服务的蓬勃发展，大数据、云计算、人工智能等概念越来越深入我们的日常生活。金融数据服务型企业的特点之一是与股市行情强相关，受到法律法规、宏观经济环境等众多外在因素的影响，因此评估过程中存在着极大的不确定性，且较难以历史数据准确预判未来。有鉴于此，本章通过构建基于蒙特卡洛模拟的 FCFF 模型，结合历史数据、未来战略、行业发展导向等因素对企业价值进行分析和评估。通过将蒙特卡洛模拟引入评估过程，估计不确定性高的参数，以大量模拟获得评估价值的区间。本章的研究也存在一定的局限性，首先由于行业内部差异较大，本章仅能提供启发性方案；其次对于部分估值敏感性较低参数的简化处理，或有可能影响准确性；最后是增长率的预测缺少量化证据。

本章对金融数据服务型企业进行了较为深入的研究，主要从以下几个方面提供一些研究参考：

首先，在营业收入的预测中，考虑到金融数据服务型企业的收入渠道是多种多样的，在人工智能急速发展的背景下，各收入渠道的规模或发展走向都受到不同程度的影响。营业收入是进行预测的关键因素，因此需要进行分渠道预测。在分渠道预测的过程中，应结合企业历史资料、发展战略和宏观趋势等因素综合分析。

其次，金融数据服务行业与金融行业景气度强相关。尽管有的企业服务注重于个人投资者，有的注重于机构投资者，但是其 β 系数均与 A 股行情强相关。β 系数在股权资本成本的预测中是关键变量，因此需要着重考虑其取值。如果单以评估基准日的 β 系数来确定，很可能在极大程度上挂钩当日股票行情，因此不建议在评估过程中直接采用 Wind 系统所提供的评估对象当日 β 系数值。本章建议研究过去一年企业 β 系数的分布，引入蒙特卡洛模拟或是更好的途径。

再次，需要分析企业的未来发展环境。在对同花顺这类企业的永续期增长率（g）预测的过程中，我们曾参考第三产业的GDP增速。然而随着互联网红利的减退，企业的未来营收增长率未必能保持过去十年的发展速度，因为第三产业的蓬勃发展很大程度上得益于互联网信息化和资产配置观念深入人心引发的投资浪潮。因此，若在永续增长率的预测中仍采用第三产业的GDP增速，将可能导致企业永续期价值被显著高估，进而虚增企业整体价值。因此，出于谨慎性原则，建议采用GDP增速预测值进行测算时，同时要充分考虑我国近些年的GDP增长率下行压力。

最后，数据要素型企业价值评估适用于区间估计。目前金融数据服务行业的竞争态势呈现出集中度较低的特点，龙头企业并未获得绝对优势。企业受到法律法规、资质限制、技术壁垒、宏观经济环境等多重因素的影响，同时市场潜力巨大，未来的风险和不确定性极高。所以在预测这种类型企业的价值时，根据历史情况和公司战略等预测未来或可引入蒙特卡洛模拟等降低不确定性的统计方法，以价值区间作为评估结果或更具说服力。

未来，对于金融数据服务型企业价值评估可行性思路的探索，可从评估要点和行业推广两方面展开：

从评估要点来说，需重点关注评估过程中的风险变量和不确定性较高参数的假设前提，可以引入蒙特卡洛模拟等来降低评估的不确定性。在分析不确定性参数时，应注意变量的样本量。数据量充足对于预测的准确性很关键。在进行检验之前，也应当思考其复合分布形成的内在逻辑，例如，数据增值服务与经济环境有关，而经济具有周期性，因此需要考虑其是否具有时间序列的特征。引入量化方法为评估结果的客观性提供了坚实的基础，在一定程度上减少了部分主观评判对评估结果的影响，有利于提高评估结果的公信力。此外，Matlab、Excel 及 SQL 等都可以完成蒙特卡洛模拟的建模，其中 Excel 最为简单，且能够解决大多数问题。

在评估过程中也应当考虑行业的高度不确定性，建议在参考本案例评估企业价值时，应当根据评估对象的盈利模式进行具体分析，根据评估对象的具体情况对各参数和要素进行估计、分析和解释。本章在预测过程中，利用蒙特卡洛模拟等方法尽力降低各个参数估计的不确定性，但还是很难全面计量众多外生影响因素，如法律法规、资质限制、技术壁垒、宏观经济环境等。因此，评估得出的结果可能比在评估基准日的价值高。限于估值工具的限制，暂未对外生因素对企业价值的影响进行评估。在实际操作中，出于更全面的考虑，应关注外生因素对企业价值的量化影响。例如，在永续增长率的预测中，可结合机构对于我国未来 GDP 增速的预测和目前发达国家的 GDP 增速，并综合考虑 GDP 下行的压力。最后，也要重视与公司管理层或评估相关人员的沟通，获得更多的一手资料，辅以尽职调查和盈余预测，得出更为准确的评估价值。

第 9 章

案例：数据要素型企业数据资产入表

大数据企业的数据应用与服务业务的发展催生了数据资产共享和交易的需求。目前学术界和业界对于数据资产的概念和价值达成了一定共识，但在会计计量方法上尚无定论，这在一定程度上会影响大数据公司核心业务的开展，降低会计信息质量。

在讨论大数据公司会计资产计量问题时，若将数据资产的研究范围聚焦到已经具有较为成熟的大数据应用商业模式的行业中，选取具有大量数据资源且对于数据资产的计量、定价和交易具有迫切需求的大数据企业的案例，会使得分析过程更加清晰，解决方案更具适用性。

本章使用案例研究法，以亟须解决数据资产计量问题的L公司作为研究案例，讨论大数据公司资产的会计计量问题。本章分析具有研究性质，因此不限于《暂行规定》规范的内容[①]。

① 本章部分术语的使用和《暂行规定》不一定一致。例如，出于尊重L公司案例研究成果的考虑，兼顾L公司数据要素业务相对成熟的特点，本章分录中采用“数据资产”的说法。

9.1 L 公司数据资产会计计量处理现状分析

9.1.1 案例选取

本章选取的 L 公司是一家由通信运营商成立的专业大数据服务公司，拥有大量高价值的数据资产。L 公司利用数据资产开展主营业务，其数据产品、经营模式在行业内均有代表性。L 公司有数据共享合作的经历，也有数据资产共享、交易的持续需求，但传统的会计计量和处理方式已经不能满足 L 公司日益增加的数据资产交易需求。目前，L 公司非常关注其数据资产管理、会计计量与定价问题，并专设部门以研究公司目前存在的数据资产计量难题。

通过线上资料搜集、线下企业调研及实地访谈，了解 L 公司所处行业的发展现状与发展趋势，考察 L 公司基本信息、内部业务流程、主要产品服务等情况，对 L 公司数据资产的性质进行了充分分析与讨论。接下来，将梳理 L 公司数据资产产生和应用相关的业务流程，确定其数据资产的特征，讨论 L 公司的数据资产会计计量现状，发现问题并提出改进建议。

9.1.2 公司简介及主要数据产品

L 公司是一家专业的大数据服务公司，是通信运营商旗下的子公司，自 2012 年设立。L 公司积累了数据治理、管理、应用、服务等多项大数据能力，建立了六大数据管理平台。依托大数据平台，L 公司拥有较为庞大的客户群和较为成熟的商业模式。因此，数据资产能为 L 公司带来较为持续和稳定的收益。

L 公司利用其技术优势与平台集成效应，为政府、交通、旅游、金融、公安、教育、互联网等行业的客户，全面提供“大数据 +”服务。

在金融领域，L 公司推出数盾风控产品，基于运营商真实、全面的用户信息大数据资产，并融合多家权威合法数据源，在充分保障用户隐私安全的前提下，以提供 API 接口的方式，面向银行、保险机构、征信机构等提供信息核验、风险识别、信用评分、预警监控等覆盖贷前、贷中、贷后的风险控制解决方案。目前该产品已为数百家大中型金融及互联网企业提供服务。

在政务领域，L 公司自主研发了智慧数据平台，帮助政府相关部门实现数据治理与资源共享，优化政务数据管控，建设综合服务中台，提高政务工作效率。

在文旅交航领域，L 公司主要挖掘信令数据资产价值，利用位置数据构建人流信息、互联网行为、人群画像等决策信息。此外，在城市交通方面，L 公司为交通规划、建模与决策提供多维度支持。

在商企营销领域，L 公司的数据资产为不同行业的企业提供精准的客户资源，进行获客营销，预测各行业市场发展前景。通过深度分析用户上网行为与通信行为，帮助企业确定客户对产品的意向度，将意向度高的客群以脱敏数据、大数据精准外呼的模式提供给相关企业，进行意向确定，转化成交。

9.1.3 L 公司数据资产会计处理现状

L 公司数据资产化的过程经历了如图 9–1 所示的步骤。

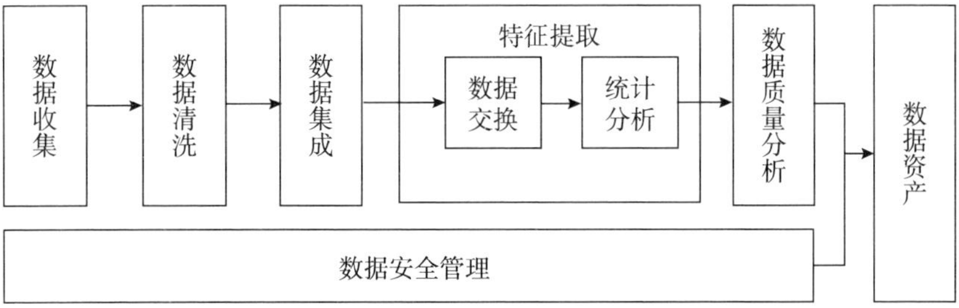

图 9–1 L 公司数据资产化流程

L 公司拥有的底层数据主要包括通信运营商上亿用户的脱敏通信数据，具体包括移动终端的 GPS 级实时位置数据、终端型号、URL 记录、互联网产品使用记录、计费详单等。在数据收集阶段，L 公司的数据来自母公司通信运营商在开展正常业务时的自然沉淀，经数据加密等数据安全技术进行数据脱敏处理。在数据清洗阶段，重新审查核对基础数据，以供下一步处理。在数据集成阶段，L 公司根据物理或逻辑联系，把不同来源与格式的数据集中，提高数据资源的质量。在特征提取阶段，L 公司通过数据交换与统计分析进一步将数据转化为“资产形态”，使数据形成有价值的信息。在数据质量分析阶段，进行数据质量评估。数据质量是影响价值评估的关键。在数据资产化的流程中，L 公司建立数据安全管理系统，降低数据资产带来的风险。至此，数据形成了能为 L 公司带来持续经济资源流入的数据资产。最后，L 公司利用数据资产打造“数据产品”，为政企提供大数据服务。

可以看出，L 公司的数据是由母公司在开展主营业务的过程中自然沉淀而形成，数据收集阶段的成本可以忽略不计。L 公司的业务主要是将母公司沉淀的数据激活，从而使其增值，形成真正的数据资产。

2020 年，L 公司整体收入为 10 亿元级别，其中数据服务带来的收入约占 30%。数据资产是 L 公司开展业务、创造价值的重要资源，但数据资产并未列入 L 公司的资产负债表。目前，L 公司对于其数据资产增值所花费的成本，都全部费用化计入当期损益。这样将大数据相关支出直接费用化，而不将其资本化确认为资产，会带来以下几个方面的问题：

首先，大数据公司无论是从外部购入还是自行开发数据资产，都会带来大量人力、设备等支出。以 L 公司为例，用于构建数据资产的支出合计每年超过 5 000 万元。L 公司能够控制其数据资产，利用数据资产提供大数据服务以及进行数据共享或交易获得经济利益，因此数据资产作为大数据企业一项重要的经济资源，应该作为资产纳入会计核算的范围。如果持续把这些作用于长期的大额支出作为短期收益性支出，直接费用化计入当期损益，会使企业短期内的成本确认与当期盈亏计量、配比产生扭曲，削弱会计信息在大数据企业运营决策中应起的参考作用。

其次，数据资产是否资本化作为资产纳入大数据企业的资产，会对大数据企业资产的账面价值产生较大影响。此问题反映到 L 公司的案例中，就是资产负债表不能反映企业在建设大数据平台中的持续投入。而在未来平台建设较为完善时，会产生低资产账面价值与高估值的矛盾，这会给未来企业的投资活动与并购活动带来难题。

最后，在现有的会计计量、处理方式下，大数据企业的绩效考核和战略制定也面临难题。财务报表不能反映各期间数据资产价值增减变动情况，企业管理者在经营过程中通过利用数据这类重要资源创造价值的过程无法被记录。同时，企业利润表短期内持续亏损，影响了管理层当期部分业绩指标。因此，这样的会计计量体系不能激励公司管理层进行大数据资产建设，从长远看，也不利于大数据企业的战略发展。

综上所述，目前的会计计量方式，使L公司的损益和资产账面价值的确认不准确、不合理，这影响了会计信息的相关性，影响企业的经营决策，甚至可能对报表信息质量产生较大的不利影响。此外，会计信息的不完善导致不能科学揭示大数据企业的真实业绩与财务状况，会影响企业的绩效管理与战略制定。

9.2 L公司数据资产的初始计量

前面已经分析了将大数据相关支出直接费用化而不确认为资产会带来的问题，本节将从应用历史成本计量存在的问题和以产出价值为计量基础的合理性两个方面，探讨数据资产资本化进入财务报表后如何进行初始计量。

9.2.1 应用历史成本计量存在的问题

部分学者提出，数据资产的初始计量应当参照无形资产的处理方法：在大数据企业的数据获取、预处理阶段，大数据的价值不确定性及风险较大，应予全部费用化；而在数据分析、挖掘、应用阶段，经济效益的确定性较高，可以资本化计入数据资产初始成本（李泽红，2018）。

但以 L 公司为代表的大数据企业的数据资产与无形资产并不完全相同，因此完全类比无形资产、以历史成本为基础进行会计初始计量，也存在局限性。具体表现为两个方面：（1）企业被动获取的自有数据（或称伴生数据）构建成的数据资产的投入成本与实际价值存在巨大差异；（2）企业数据资产相对于无形资产而言，其投入成本不易辨析与确定，且难以区分研究阶段和开发阶段，采用投入成本也不易确定资本化部分进行计量。

与企业主动研发的无形资产不同，企业内部自有数据往往是企业生产、经营等活动伴生的数据（下文称为伴生数据），例如即时通信公司的用户社交数据、银行的用户信贷行为数据等。这些伴生数据经过资产化过程作为数据资产进行初始计量时面临一个重要问题：伴生数据可计量的投入成本与实际价值存在较大差异。L 公司数据资产价值的很大一部分是数据本身具有的、用户群本身的价值，企业在正常的生产经营过程中，为获取这部分有价值的数据付出了成本，但无法被单独计量。后续的数据资产化加工过程让这部分价值得以被发掘，但加工投入的成本并不能代表全部投入成本。此外，在积累数据资源的过程中，数据量越丰富，越能使数据资源的价值呈指数级增长，但数据总量的增加对企业在算法、技术等方面的投入成本的影响却较低（张俊瑞，2020）。因此，获取成本相同或相似的数据资产能够带来的效益可能大不相同。

这就决定了数据资产的加工成本与数据资产的价值并不成比例。若仅仅以资本化的加工成本作为数据资产的计价标准，会使伴生数据这一类型的数据资产的价值被严重低估。采用历史成本计量数据资产，仅仅将数据加工的成本资本化，会使得大数据企业资产账面的价值与其市场价值存在巨大差异。

如果在初始计量的过程中按照历史成本法来计量，而在后续计量中再对其进行定期评估，调整账面价值，也会带来两个重大问题：（1）类似于以成本法计量的固定资产转为投资性房地产，转换计量方式的时间是否合理难以确定。（2）在进行计量方式转换的时间点上，评估价值与账面价值的巨大差异反映在当期的财务报表中，可能会造成利润表的巨大波动，留下操纵利润的空间。

如果后续计量始终以历史成本法计量，那么仍然会遗留问题并反映在企业合并过程中。企业账面净值与被收购价值的账面差异中，本应归于数据资产价值的部分全部体现在通过割差法计算出的商誉中，不利于企业的投资决策以及后续的会计处理。

应用传统历史成本计量的第二个问题表现在数据资产的投入成本不易辨析与确定。企业的数据资产中，外购数据资产的成本可直接获得，但自行构建的数据资产的成本计量却较为困难。此外，若依照无形资产初始计量的处理方式，难以界定哪部分进行费用化，哪部分进行资本化。数据资产的构建包括数据采集、加工、利用等多个复杂流程，将整个过程分为研究阶段和开发阶段，依赖于主观判断，且难以界定一个清晰的标准。若以此对费用化和资本化的价值进行区分，操作难度大，可行性较差。

9.2.2　以产出价值为计量基础的合理性

以历史成本为计量基础的投入价值不能充分反映以 L 公司为例的大数据公司的数据资产的实际价值，这就引出了另一种计量基础——产出价值。数据资产的价值取决于其带来的未来经济利益。从理论上讲，未来现金流量现值考虑了其预期实际价值及价值的时间分布，能恰当反映资产未来经济利益流入的特征，是较为理想的数据资产的计量属性。

部分学者认为，对传统企业来说，以产出价值为基础计量不具有可靠性。这是由于传统企业缺乏利用数据资产的成熟商业模式，对于这部分企业，数据资产能带来的只是“潜在收益”。但是对于大数据企业来说，数据资产代表了其核心竞争力，数据资产具有更加成熟的管理和收益体系，能够带来较为稳定和持续的现金流。特别是部分大数据企业，经过多年的生产经营，积累了较多数据资源，同时技术实力雄厚，有条件实现对数据资产的“激活”，并带来收益。

因此，企业数据资产的产出价值（即未来现金流量的现值）相比投入价值而言，能够使财务报表中反映的数据资产的资本化价值更加准确，更贴近数据资产的实际价值，更适合作为大数据企业数据资产的会计计量基础。

但是，并非所有大数据企业的所有数据资产都适合或者应该采用现值进行计量，一项数据资产的计量基础的选择取决于该数据资产的用途、该计量基础的可行性。

本书认为，对于大数据企业数据资产，可采用如图 9–2 所示的逻辑判断流程来确定如何计量。

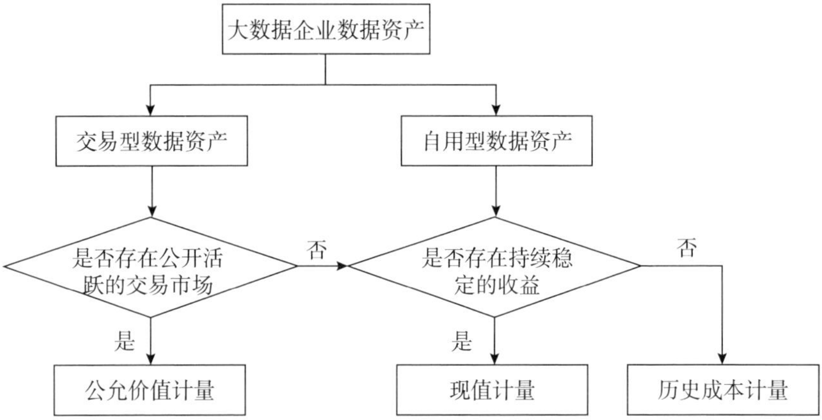

图 9–2　数据资产初始计量分类逻辑判断流程图

总体来说，可根据数据资产的用途，将数据资产分为交易型数据资产和自用型数据资产；再判断其是否具备应用公允价值的市场环境，将计量方式分为公允价值计量和现值计量两种方式。其中交易型数据资产若满足公允价值市场环境的，应采用公允价值计量；不满足使用公允价值计量条件的交易型数据资产和自用型数据资产，若可产生持续稳定收益的，应采用收益现值法来计量。而对于大数据企业和其他企业中不能产生较为持续稳定收益的数据资产，不具备采用收益现值法计量条件的，应采用历史成本法计量。

1. 应用公允价值计量

对于交易型数据资产，信息使用者更加关注数据资产交易带来的经济利益。数据资产的价值主要随市场发展需求变化而波动，且一项数据资产交易的达成并不影响企业后续交易该项数据资产，应采用公允价值计量。因此，对于大数据企业通过数据资产交易所购入的数据资产，或企业自行开发的以数据交易为目的，且存在公开、活跃的交易市场的数据资产，应采用公允价值计量。

应用公允价值计量时，应优先使用活跃市场上相同数据资产的报价信息，其次可以参照相似资产的报价。若上述两者均不存在或无法获取，企业的数据资产具有很强的独特性，但又存在活跃市场，则可以采用公允价值估计中的Ⅲ级估计，典型的计量方法包括市场法、收益法和成本法。较有代表性的有市场法中的层次分析法（李永红，2018）。层次分析法将数据资产价值影响因素量化，算出价值影响因素的权重，再结合权重计算出关联度，进而选取关联度较高的作为可比数据资产，构建数据资产价值模型。

公允价值计量方法下，对于外购的交易型数据资产，应按取得时的公允价值入账，交易产生的费用计入当期损益；对于自行开发的以数据交易为目的的数据资产，在构建完成时（达到可供使用状态时），应按公允价值入账，公允价值与可计量的实际成本的差额计入营业外收入。

（1）当外购数据资产时，具体会计处理分录如下：

借：无形资产——数据资产初始价值（公允价值）

　贷：银行存款（实际成本）

借：营业外支出（交易费用）

　贷：银行存款等

（2）自行开发的以数据交易为目的的数据资产，达到可供使用状态时，具体会计处理分录如下：

借：无形资产——数据资产初始价值（公允价值）

　贷：累计折旧 / 应付职工薪酬 / 银行存款等（实际成本）

营业外收入（借贷差额）

在资产负债表日，应在财务报表中体现数据资产公允价值的变动，差额应计入其他综合收益。根据国际会计准则理事会（IASB）发布的概念框架讨论稿，对于具有长期性的资产或负债，若在其持有期间重新计量且其价值发生显著变动，且将此变动反映在其他综合收益中有助于提高财务信息的相关性及可理解性时，则应将此资产或负债的变动视为"过渡性重新计量项目"，反映于其他综合收益中。由于数据资产收益不仅仅体现在一个期间，本身具有长期性，且采用公允价值计量时，数据资产价值受市场影响变动较大，将公允价值变动反映在其他综合收益而非当期损益，更能提高财务信息的相关性（未处置的数据资产公允价值变动仅仅是"浮盈"或"浮亏"）。因此，数据资产公允价值变动应计入其他综合收益。

资产负债表日，当交易型数据资产公允价值上升时，具体会计处理分录如下：

借：无形资产——数据资产公允价值变动

　贷：其他综合收益

当公允价值下降时，则采取相反的分录处理。

目前，采用公允价值法计量的条件仍然存在限制，相似数据资产交易的价格很难收集，且因为数据内容和大数据技术具有保密性，企业很难做出差异的调整。此外，由于相同数据针对不同企业案例的应用价值有很大差异，不同企业之间的交易往往存在特殊性。但随着大数据技术应用的不断深化，以及数据交易案例的增加和数据交易所的发展，数据交易在未来会越来越频繁，公允价值计量的适用性会进一步提升。

2. 应用现值计量

以 L 公司为代表的大数据公司的部分数据资产伴随生产经营活动而产生，这部分数据资产采用历史成本仅反映企业的增值，而对于客户数据本身的价值没有体现，不能真实反映资产的价值。因此，对于大数据企业自行开发或被动获取的自用型数据资产（如通过挖掘、分析整理已有信息而获得的数据资产，用于企业自身提供大数据服务），若能产生较为持续稳定收益的，宜采用现值法来计量。

在现值计量的应用中，企业在预计资产的未来现金流量和进行折现率的选择时，应当提供合理且充分的依据。为了增加会计计量的可靠性，首选合同规定的现金流作为未来现金流折现的基础。若无有效合同作为依据，则应根据企业经过审批的财务预算数据，选取较为稳定的增长率来估计现金流的变化。未来现金流具体数值的估计方法，则可参考资产评估中的收益现值法：权利金节省法、多额超期收益法、增量收益法等。

应用现值计量的方法下，在数据资产构建完成时（达到可供使用状态时），应按现值入账。与实际成本的差额计入营业外收入。具体会计处理分录如下：

借：无形资产——数据资产

　贷：累计折旧 / 应付职工薪酬 / 银行存款（实际成本）

　　营业外收入（借贷差额）

3. 应用历史成本计量

企业数据资产若不满足使用公允价值和现值计量的条件，则应采用历史成本计量。历史成本可按照可计量的数据收集、整理、加工、分析、利用等成本费用，具体包括人力资本、设备折旧及其他相关投入进行资本化。在数据资产构建完成时（达到可供使用状态时），应按照如下分录进行处理：

借：无形资产——数据资产（可计量的历史成本）

贷：累计折旧 / 应付职工薪酬 / 银行存款等

9.3 L 公司数据资产的后续计量

数据资产的后续计量主要包括数据资产的后续支出、摊销、减值、处置四个部分。本节将分别对这四个部分进行介绍。

9.3.1 数据资产的后续支出

数据资产的后续支出可以选择进行费用化或资本化（视为改良支出）。针对不同的支出，应视其实质而进行不同的后续处理。

数据资产的后续支出大致可以分为两类，一类是针对原始数据的存储和更新的后续支出；另一类是针对大数据技术进行改进和创新的研发性后续支出。

1. 针对原始数据的存储和更新的后续支出

案例中，L 公司构建了以通信商大数据为核心的数据资产后，必须持续对数据进行存储、维护、更新。L 公司数据资产的价值主要围绕用户价值来体现。用户的位置数据可以用于文旅交航领域，用户的信用数据可用于金融风控领域，用户的互联网行为数据可以用于商企营销领域。要充分实现这些数据资产的应用价值，就要求相关的数据能够预测未来的决策。如果不对这些用户数据持续更新，数据的价值也只能在短期内产生作用。通过更新，L 公司的数据资产就能够在市场环境没有发生剧烈变化的情况下，在较长的周期内保值。

数据的存储、维护、更新等此类支出是企业为实现数据资产的有效利用而必然产生的成本，并不会使得数据资产增值或对未来现金流入产生较大影响，因此应该将其费用化计入当期损益。具体会计处理分录为：

借：管理费用 / 主营业务成本

　贷：银行存款 / 应付职工薪酬 / 累计折旧等

2. 针对大数据技术进行改进和创新的研发性后续支出

由于数据资产的市场仍然在不断探索、不断扩张，L 公司通过改善数据挖掘技术、探索新的市场应用、增加新的数据合作，使得其数据资产的价值提升。

大数据企业的研发部门不断对大数据技术进行改进和创新，以增加大数据资产的应用价值，或开发出创新性的市场应用。这部分支出会从根本上影响数据资产的盈利能力和交易价值，进而影响未来现金流入的情况，因此，应视为“改良型支出”，进行资本化。具体会计处理分录如下：

借：无形资产——数据资产——数据资产更新

贷：银行存款 / 应付职工薪酬 / 累计折旧等

9.3.2 数据资产的摊销

自用型数据资产应当在使用期间进行摊销，交易型数据资产不进行摊销。其中进行摊销的自用型数据资产可以分为使用寿命确定的数据资产和使用寿命不确定的数据资产。

对于使用寿命确定的自用型数据资产，应自其达到可供使用状态时起至终止确认为止，在其使用寿命内系统合理地摊销。在考虑使用寿命时，需要找到合理充分的依据。由于自用型数据资产具有时效性，且比传统资产受到时效性的影响更为显著，其确定的使用寿命不宜过长。由于不同类型的数据资产的使用寿命存在差异，不能一概而论。

数据资产的使用寿命受到多个因素影响。第一，法律或法规中是否有对数据资产的产权或控制年限有所规定或限制。第二，数据资产的盈利性能否持续。第三，数据资产价值的波动性，因为数据资产往往比传统资产更易受到市场环境影响而失去价值。第四，公司的竞争者效应。对手公司新技术的研发和新有效数据的获取可能导致企业已有的数据资产预计使用时间缩短。此外，数据资产使用年限是估计的结果，受主观因素影响，可考虑在不超过五年的时间里，采用年数总和法或双倍余额递减法进行摊销。

若采用任何方式方法都无法判断数据资产的使用寿命，可将其认定为使用年限不确定的资产，不进行摊销，而是定期进行减值测试。若其使用寿命后续被证明有限，则应进行会计估计变更。

需要注意的是，由于数据资产产生针对大数据技术进行改进和创新的研发性后续支出，导致账面价值变化，则应该重新估算其摊销年限。

此外，自用型数据资产应摊销额为其初始价值扣除预计净残值后的金额。确定是否有净残值时，应考虑以下因素：（1）是否有资产处置相关的合同或其他法律文件；（2）活跃市场能反映其预计残值信息，并且在数据资产使用寿命结束时该市场预计存在（唐莉，2017）。

自用型数据资产在资产负债表日摊销的具体会计处理分录如下：

借：管理费用 / 其他业务成本 / 主营业务成本等

　贷：累计摊销

9.3.3　数据资产的减值

数据的价值会随时间和市场不断发生变化，因此价值波动性较强，甚至可能会受市场环境变化影响而失去全部价值。例如，在规范中小额贷款公司发展的相关政策文件出台后，蚂蚁科技集团部分异地办理小额贷款的客户数据的价值会受到很大影响。因此，在数据资产的使用期间，应及时关注其使用价值和市场价值的变化，及时重新评估并调整其账面价值，确保数据资产的实际价值在财务报表中得以真正反映，为报表使用者提供及时有效的决策信息。

针对数据资产的减值处理需符合以下要求：

首先，满足资产的定义，能增加预期经济收益。我国会计准则对资产的定义中指出，资产能够给企业带来预期的经济利益。因此当数据资产能够带来的经济效益降低时，应恰当计提减值准备。

其次，符合决策有用观，根据实际调整账面价值。决策有用观认为财务信息应有助于决策。计提数据资产减值使得账面价值更贴近真实价值，提高了会计信息质量。

最后，符合会计信息的谨慎性原则。政策与市场需求的变化、企业自身战略的调整，都会影响企业数据资产的价值创造。因此，有必要在资产负债表日对数据资产进行减值测试。

减值测试中，数据资产的可收回金额可以通过专业的资产评估确定，若账面价值高于实际价值，则按照两者的差额计提减值准备。

在资产负债表日，数据资产计提减值准备的会计处理分录如下：

借：资产减值损失

　贷：数据资产减值准备

9.3.4　数据资产的处置

1. 数据资产的终止确认

如果数据资产预期不能为企业带来经济利益，应将其报废或转销。会计处理分录如下：

借：累计摊销

数据资产减值准备

营业外支出（差额）

贷：无形资产——数据资产

2. 数据资产的出售

企业出售数据资产，应将售价与该项资产账面价值的差额作为资产处置利得或损失，计入当期损益，同时将该项资产对应的其他综合收益转出至损益。

（1）在自用型数据资产处置时，具体会计处理分录如下：

借：银行存款（收到的交易价款）

累计摊销

数据资产减值准备

营业外支出（借差）

贷：无形资产——数据资产

营业外收入（贷差）

（2）在交易型数据资产处置时，具体会计处理分录如下：

借：银行存款

其他综合收益（可能借方或贷方）

贷：无形资产——数据资产初始价值

——数据资产公允价值变动（可能借方或贷方）

投资收益（倒挤，可能借方或贷方）

9.4 小　结

数据资产作为一种高度体现互联网技术的特殊资产，其价值在业界和学界都得到了认可，然而数据资产并未普遍体现在财务报表科目中，也未系统地在附注中进行披露，现行的财务报告无法真实反映数据资产的价值。本章从问题出发，立足于大数据行业，不限于《暂行规定》的约束范围，结合会计理论与企业实践，分析了在数据资产计量中存在的问题，结合数据资产的特点进一步探讨了适合数据资产计量的计量属性，并提出了数据资产进行初始确认和后续计量的会计核算框架，为解决数据资产的计量问题提供一种新的思路。

本章将数据资产分类，建议采用公允价值、现值和历史成本三类不同的计量模式分别处理。这种改进方法虽然能在一定程度上解决大数据公司数据资产的会计计量问题，但在实务中仍然存在一定的局限性。一方面，数据资产进入财务报表，就不得不重视其因制度不完善与自身特征带来的合规风险和运营风险。另一方面，本章提出的改进方法引入现值和公允价值计量属性，且增加了分类处理的判断，这在一定程度上增加了企业会计信息扭曲的风险。此外，与其他资产不同，数据资产面临更大的运营风险，如果企业缺乏成熟的数据风险管理，数据资产有可能会变成“数据负债”，反而给企业带来经营负担。因此现阶段要将数据资产纳入财务报表，需要企业管理层更加重视数据资产的风险管理。

本章提出的数据资产会计计量方法存在一定的局限性，但可通过加强企业管理及完善制度来应对。因此，本章提出以下建议。

（1）明确数据资产权属的界定，保护持有者的合法权益。在数据交易中，交易双方为了避免损失和降低收益的不确定性，应当清晰界定各自的权利和义务，明确数据的权属，以此来规范数据的交易过程。

（2）提高数据资产价值评估的准确性。行业应当积极建设数据资产的评估准则，丰富准则的细节，并对具体操作中的问题做出指导；企业应当加强专业人才的培养，提高相应人才的专业技能。

（3）加强数据资产的风险管理。企业要积极提升数据管理水平，将数据管理纳入核心制度建设，做好相应的风险管理建设。

参考文献

[1] Wolff J, Kocher C, Menacher J, Keck A. Too big to ignore? How to define the enterprise value of AI and big data firms. International Journal of Strategic Management, 2018, 18(1): 13–24.

[2] Shom P, Sudarsan P. Support vector machines for prediction of futures prices in Indian stock market. International Journal of Computer Applications, 2012, 41(3): 22–26.

[3] Sharpe W F. Capital asset prices: A theory of market equilibrium under conditions of risk. The Journal of Finance, 1964, 19(3): 425–442.

[4] Ross S A. The arbitrage theory of capital asset pricing. Journal of Economic Theory, 2015, 13(3): 341–360.

[5] Modigliani F, Miller M H. The cost of capital, corporation finance and the theory of investment. The American Economics Review, 1958, 10(2): 261–297.

[6] Markowitz H. Portfolio selection. Journal of Finance, 1959, 7(1): 77–91.

[7] Lehmann F, Williams J B. The theory of investment value (Book Review). Social Research, 1938, 5(1): 474.

[8] Henrique M B, Sobreiro A V, Kimura H. Stock price prediction using support vector regression on daily and up to the minute prices. The Journal of Finance and Data Science, 2018, 4(3): 183–201.

[9] Vayas-Ortega G, Soguero-Ruiz C, Rojo-Álvarez J L, Gimeno-Blanes F J. On the differential analysis of enterprise valuation methods as a guideline for unlisted

companies assessment (I): Empowering discounted cash flow valuation. Applied Sciences, 2020, 10(17): 5875.

[10] Bayat H, Asghari S, Rastgou M, Sheykhzadeh G. Estimating proctor parameters in agricultural soils in the Ardabil plain of Iran using support vector machines, artificial neural networks and regression methods. Catena, 2020, 189: 104467.

[11] Hornik K, Stinchcombe M, White H. Multilayer feedforward networks are universal approximators. Neural Networks, 1989, 2(5): 359–366.

[12] 周丽俭，刘璇．收益法在企业价值评估中的应用研究文献综述．经济研究导刊，2021（5）：129–131.

[13] 张志刚，杨栋枢，吴红侠．数据资产价值评估模型研究与应用．现代电子技术，2015（20）：44–47+51.

[14] 张媛．自由现金流量与企业价值评估．国际商务研究，2005（5）：21–25.

[15] 张伟．九省市数字经济立法 谁会飞得更高．中国高新技术产业导报，2022–12–05（2）.

[16] 张俊瑞，危雁麟，宋晓悦．企业数据资产的会计处理及信息列报研究．会计与经济研究，2020（3）：3–15.

[17] 何毅．互联网企业成长的关键影响因素研究：以 B2C 电商企业为例．现代管理科学，2015（4）：39–41.

[18] 张居营，孙晶．基于熵权模糊物元模型的创新型企业价值评估．技术经济，2017（9）：31–38.

[19] 翟丽丽，王佳妮．移动云计算联盟数据资产评估方法研究．情报杂志，2016（6）：130–136.

[20] 方行．浅析企业价值评估．技术经济与管理研究，2005（2）：63–64.

[21] 于晗．“数据二十条”赋能实体经济．中国银行保险报，2022–12–22（1）.

[22] 徐青．西方企业价值评估方法研究综述．现代管理科学，2005（7）：61–62.

[23] 徐建玲，周志远，云佳民．收益法下特定风险调整系数的研究：以制造业科技企业为例．中国资产评估，2021（9）：56–63.

[24] 肖翔．高新技术企业价值评估方法研究．数量经济技术经济研究，2003（2）：61–64.

[25] 武志勇，刘艳娜．创新投入对国际化企业价值的门槛效应研究．会计之友，2021（20）：94–101.

[26] 吴中春．企业价值评估方法之理论探析．现代财经－天津财经学院学报，2005（8）：52–56.

[27] 魏远山．我国数据权演进历程回顾与趋势展望．图书馆论坛，2021（1）：119–131.

[28] 王治，李馨岚．互联网企业价值评估模型比较研究．财经理论与实践，2021（5）：75–82.

[29] 王秋菲，唐冰洁．基于支持向量机的建筑企业利润总额预测：以辽宁省建筑企业为例．沈阳建筑大学学报（社会科学版），2018（3）：275–280.

[30] 王晶，高建设，宁宣熙．收益法评估中折现率研究．管理世界，2011（4）：184–185.

[31] 屠巧平，胡培，魏亚琴．增长型企业价值评估方法研究．西南交通大学学报，2004（6）：720–724.

[32] 田国立．商业银行数据要素价值发掘与探究．中国金融，2021（1）：9–11.

[33] 唐薇．大数据交易会计处理问题研究．财会研究，2016（7）：37–38.

[34] 唐莉，李省思．关于数据资产会计核算的研究．中国注册会计师，2017（2）：87–89.

[35] 汤珂．数据资产化．北京：人民出版社，2023.

[36] 檀雅静．基于不确定理论的互联网企业价值评估研究．中国物价，2018（8）：80–82.

[37] 苏德悦 . 数据要素对经济发展贡献率持续上升 . 人民邮电，2022–12–05（3）.

[38] 上官鸣，白莎 . 大数据资产会计处理探析 . 财务与会计，2018（22）：46–48.

[39] 冉英，唐薇 . 大数据交易会计处理问题探究 . 财会研究，2017（4）：48–50.

[40] 钱斌 . 国有商业银行发展数字金融 服务高质量发展 . 金融电子化，2021（12）：7–10+6.

[41] 农敬萍 . 企业价值评估应用研究：基于永续期间现金流波动性改良模型 . 财会通讯，2020（4）：115–118+123.

[42] 娄棕棋 . 机器学习的理论发展及应用现状 . 中国新通信，2019（1）：60–62.

[43] 刘云波 . 数据、数据资产及其价值评估 . 中国资产评估，2023（5）：51–56.

[44] 刘静芳 . 银行数字化转型的关键是提升数据要素价值创造力 . 清华金融评论，2021（5）：20–22.

[45] 刘继旺 . 商业银行数据治理与数字化转型工作浅析 . 金融科技时代，2023（1）：34–36.

[46] 刘桂良，彭玉龙 . 企业价值评估的盈利资本化模型 . 系统工程，2003（4）：53–55.

[47] 刘炳春，齐鑫 . 基于 PCA-SVR 模型中国工业固废产生量预测研究 . 河南师范大学学报（自然科学版），2020（1）：69–74.

[48] 李忠余，王慧 . 关于企业价值收益法评估永续期模型及其主要参数的探析 . 中国资产评估，2019（11）：17–19+47.

[49] 李忠余，王慧 . 关于利息税盾对企业价值收益法评估的影响 . 中国资产评估，2020（7）：26–28.

[50] 李泽红，檀晓云 . 大数据资产会计确认、计量与报告 . 财会通讯，2018（10）：58–59+129.

[51] 李永红，张淑雯 . 数据资产价值评估模型构建 . 财会月刊，2018（9）：30–35.

[52] 李延喜，李莉，刘巍．基于动态现金流量的折现率定量模型．科研管理，2004（2）：59–64.

[53] 李晓乐．基于 EVA 模型的企业价值评估．北方经贸，2021（9）：81–83.

[54] 李冬青，刘吟啸，邓镭，李铭洋．基于数据全生命周期的数据资产价值评估方法及应用．大数据，2023（3）：39–55.

[55] 纪益成，丘开浪，徐梁灵，等．收益法运用中的随意性与内在不一致问题及其对策：基于运用收益法评估某光学科技企业价值的案例分析．中国资产评估，2020（4）：68–80.

[56] 胡仁昱，倪凯时．中小高新技术企业无形资产价值评估研究．财务与会计，2015（22）：72–74.

[57] 何小龙．中国数据要素市场发展报告（2020—2021）．软件和集成电路，2021（5）：57–58.

[58] 郭晓日，杨驰．软件和信息技术服务业研发创新对企业价值影响的实证研究：基于投入产出视角．中国资产评估，2020（12）：33–39+81.

[59] 高敏莉．大数据时代下管理会计数据处理的新变革．财经界（学术版），2016（5）：202–203.

[60] 范风珂，孙如妨．高新技术企业价值评估存在的问题及方法研究．中国资产评估，2020（9）：24–27.

[61] 丁雅雯．基于 EVA 模型的信息技术服务企业价值评估研究：以中科软为例．产业与科技论坛，2019（12）：80–81.

[62] 丁茂盛．大数据处理技术在会计中的应用．中国总会计师，2015（11）：71–73.

[63] 戴立新，孙晓．基于支持向量机的收益法自由现金流量预测．财会月刊，2015（33）：79–82.

[64] 陈远．基于收益法的技术类无形资产价值评估分析．财会通讯，2019（35）：58–62.

[65] 陈波 . 企业估值方法中存在的几个问题及对策 . 中国资产评估，2019（12）：40–45.

[66] 曹梦蝶，林东杰 . 科创板人工智能企业价值评估研究：以虹软科技为例 . 中国资产评估，2021（9）：21–31.

[67] 毕马威中国 .《企业数据资源相关会计处理暂行规定》实务讨论 .（2023–09–13）. https://mp.weixin.qq.com/s/KleKb7-pG_Au0pY20aXRJQ.

[68] 本刊 . 数据之光・解锁未来：商业银行数据要素研究成果研讨会暨发布会 . 银行家，2022（12）：36–51.

[69] 包兴安，邢萌 . 数据资产“入表”加速 数据要素产业将迎大发展 . 证券日报，2022–12–13（A02）.

[70] Gartner Inc. Gartner 公布 2019 年十大战略科技发展趋势 . 智能制造，2018（12）：5–8.